猫と犬が見る夢は

松永憲生
Matsunaga Kensei

文芸社

挿絵　あづさ

まえがき

小学生のとき、家には子猫と犬がいた。愛猫「タマ（二歳）」が死んだあの夏。午後の光景は長い年月、縁側に降りそそぐ斜光に照らされて鮮やかに残り続けた。

ぴくりとも動かない小さなタマの柔らかな毛並み。お座りさせられた愛犬ポチの無表情。全身がこわばる兄の冷厳な言葉。庭木のハルモミジの枝葉を揺らす風はそのとき、やんでいたように思う。

ある年の八月、参加した定例の事件研究会の帰途、とりとめもなく話した「タマの死の記憶」を聞き終わった友人の臨床心理士が言った。

「その話、絵本にしなさいよ」

数年が過ぎて、この言葉を思い出したとき突然、タマに寄り添う衝動に駆られたまま第一部を書き上げた。しかし、タマの声は未だに聞こえてはこない。

大人になってから、引き取ることになった捨て犬と捨て猫は、病魔とたたかいながらも、きょうだいのように仲むつまじく成長した。

本文に指摘したとおり捨て犬猫の数は減少傾向にある。その背景としては、環境省動物愛護管理室によると、地域差はあるが全体としては「譲渡数の増加と個人の持ち込みの減少」という。里親を探す団体あるいは育てている多くの人々の動物愛には頭の下がる思いである。

しかしその一方で深刻なのは虐待事件だ。二〇一〇年には三十三件だった「動物虐待事犯の検挙件数」は二〇一九年「百五件」（警察庁）と三倍増。むろん一件が一匹とは限らない。とくに猫の犠牲が増加している。二〇一七年に発生した税理士による事件では「熱湯をかけガストーチの炎」で「十三匹の猫」が殺傷された。虐待者の動機を想像するとき言葉を失う。

ときに猫は「不気味なもの」に象徴される。〈化け犬〉とか〈化け猿〉とはいわないが、「化け猫」はおなじみだ。たしかに、自分で撮った写真で見る猫の目には、実物とは異なる鋭い光を帯びているものがある。

「それは向けられるレンズに緊張したせいでしょう。猫の顔は優しいよ」と、友人のカメラマンは言った。

胸に抱き上げて、目と鼻と口が小ぢんまりと寄せ集まった猫の小顔を間近に見ると、おだやかな瞳である。怪しさなんてちっとも感じない。猫の心に裏表はなく、気持ちは春のそよ風のように温和である。

猫が招くのは「商いの客」だけではない。孤独には潤いを奏で、傷心には産湯のような癒しをもたらすのだ。


すべての飼い主たちの愛の数だけドラマがある。

もくじ

第2部　クルとキク

第3部　記録 クル、最後の三週間

第１部

タマとポチ

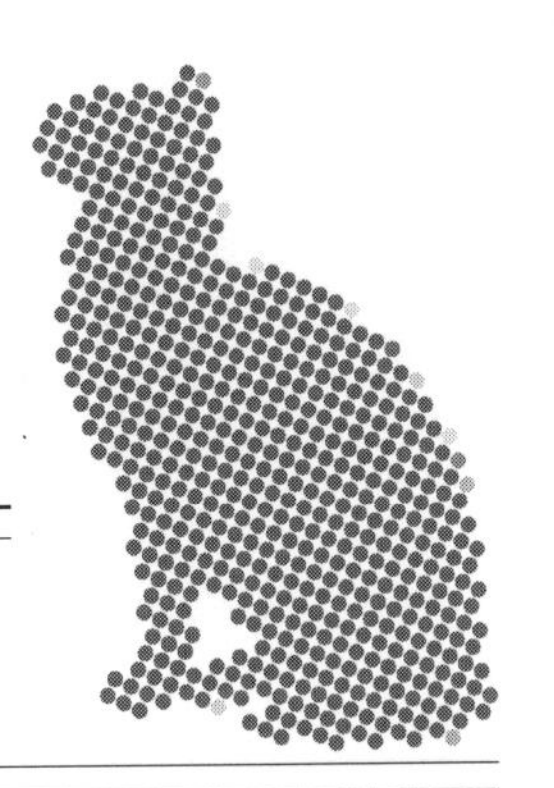

ジャンプだっこ

「今日のタマは、どこから来るのかな……？」

家に近づくにつれて、小学五年生の俊（しゅん）の気分はわくわくしてくる。

飼い猫のタマは、俊が学校から帰ってきて庭先に入ると、いつもその胸に飛びついて出迎（でむか）えるのだ。きのうはハルモミジの根元あたりから走ってきた。今日は納屋（なや）からか、それとも……。

茶畑のまん中の道をまっすぐに進むと、木々にかこまれた大屋根があらわれる。階段を上がっていくと、東に広がる茶の木のあいだから駆（か）けてきたタマが、飛び上がって俊の胸におさまった。タマの勢いで俊はよろけてしまうこともあるが、まだ倒（たお）れたことはない。だからタマも安心して飛びつくのだろう。

タマは白と黒のブチ。オス猫である。公園の草むらにダンボール箱に入れられて捨てられた。おなかをすかせて鳴いていたところを、俊の父に拾い上げられた。雨にぬれたチビ猫だった。

俊にタマと名付けられて約二年が過ぎた。元気いっぱいのタマは、いつも待ちかねたように〝ジャンプだっこ〟で、学校帰りの俊を出迎える。俊の予想がはずれた今日は、二、三歩後ろによろけたが、なんとかタマを受け止めた。

東に広がる茶畑の横の坂道には納屋がある。よく晴れわたったこの日、俊とタマは、ゆるやかなかたむきの納屋の大屋根に乗って、日なたぼっこをした。

ランドセルをまくらにしてあおむけになった俊の上に、長いしっぽを巻いてふせをするタマ。体を優しくなでられて、ゴロゴロとのどを鳴らしながら目を細めている。

やがて俊はタマを右わきにそっとずらし、タマに腕(うで)まくらをした。

タマの寝姿を見るとき、俊は思うことがある。タマも夢を見るのだろうか。俊はいつかの夜明け前に見た夢を思い浮かべた。タマがなにかを追いかけて縁側から東の方へ飛び出していったのだ。必死で後を追いかけ探し回ったが見つからない。つらい夢だった。

「タマ、おまえは楽しい夢を見てね」

タマのかすかな寝息を聞きながら語りかけたとき、

「俊！　また、こんなところにいたの！」

母の声が聞こえた。

「早く家に入りなさい。手を洗って、うがいをするのよ。それから、夕ごはんの前に宿題をすませなさい」

「はーい」

体を起こして、俊はランドセルをせおう。まだ眠そうなタマを抱き上げて、屋根づたいに坂道をおりてきた。

俊は家にいるあいだ、多くの時間をタマと過ごしている。俊がタマをかわいがる様子を何度か見ていた、十八歳のいとこの和ちゃんに、こう言って笑われたことがある。

「五年生にもなって、赤ちゃん言葉で『タマちゃんやー』なんて言ってる俊を見ると、気持ちが悪いよ」

五月五日の子どもの日、朝五時半ごろ、タマにおでこをなめられて目覚めた俊は、まくらもとに猫じゃらしが三本置かれているのに気がついた。遊んでほしいとタマが誘(さそ)っているのだ。

「タマちゃん、ごめん。もう少し寝かせてよ……」

俊は布団にもぐりこむ。やがてタマは、布団の上に飛び乗ってきた。俊があきらめて体を起こし猫じゃらしをタマの鼻先でくるくる回すと、タマはさかんに猫パンチをくり出すのだった。


俊がタマと出会ったのは、初夏のある日曜日の夕刻のことだ。俊は友だちの家から帰宅した。一日降り続いた小雨がやんで、まもなくのころだった。家に入ると、まだ夕食前だというのに、家族が全員、居間に集まって顔を突(つ)き合わせている。中学生の姉のゆいが言った。

「俊、子猫がいるよ」

小皿のミルクをペロペロなめている子猫は、触(さわ)るのがこわいくらい小さい。

母が言うには、父に拾われた子猫がやってきたのは午後三時ごろだった。雨にぬれて汚れた体を拭きドライヤーで乾かそうとしたが、音にひどくおびえたので、タオルで何度も拭いてあげた。そのあと、ひとしきり家のあちこちをトコトコ歩き回って、今は、疲れたのか落ち着いているという。

事情を聞いた俊は、触りたいのをがまんして子猫をじっとながめていた。

ミルクを飲み終えてゲップをひとつした子猫は、座布団の上にふせをして、小さく鳴いた。

俊も床にうつぶせになって、目線を合わせて間近に子猫をのぞきこむ。

「ちっちゃい……かわいい……」

末っ子の俊は、初めて保護者の心地になっていた。手のひらでそっと背中をなでると、子猫は気持ちよさそうに目を細め、一度背筋を伸ばして丸くなった。

そのとき、ゆいは驚いた。子猫が自分の頭を俊の手にこすりつけているではないか。俊は「かわいい」と言いながら、子猫の頭や首をなでたりつまんだりしている。

ゆいは前に、猫を飼っている同級生の泉綾子から、こんな話を聞いたことがある。

「猫は、猫のほうが人を選ぶのよ」

ゆいは、子猫は俊のことが気に入ったんだと思ったが、俊を有頂天にさせるのが少ししゃくだったので、このことは言わなかった。

「タマ――」

無心に子猫とじゃれ合う俊は深く考えもせずに、ありふれた名前で子猫を呼んだのだった。


俊の家には犬のポチもいる。茶色の雑種の中型犬で、五歳のオスだ。毎日の散歩は母か、俊の六歳上の洋介、中学生のゆい、あるいは父が連れていく。つまり、俊はポチの散歩をしていなかったのだ。

ある日曜日の午後三時ごろ、俊が友だちの家から帰ったとき、西側の倉庫前の犬小屋につながれているポチが、散歩をせがんでワンワン鳴きだした。

前足を伸ばして、俊の足にからんでくる。

「どうしたの？　ポチ、うるさいよ」

俊がポチをちらっと見ただけで、服のホコリをはたきながら家に入ろうとすると、兄の洋介が玄関から出てきた。

「俊、今日は日曜日なんだから、少しはポチを散歩に連れていってあげなよ」

「イヤだよ。宿題があるもん」

本当は、俊の頭にあるのはタマと遊ぶことだけだった。

いつのまにかタマが「ニャオー」と鳴いて、玄関横の縁側に寝ころんでおなかを見せている。

「タマちゃん！」

俊はタマに駆け寄って抱き上げ、タマの頭を自分のほほに当てている。それを見たポチが「ううぅ」と小さくうなった声は、俊の耳には届かなかった。

タマは俊と追いかけっこがしたいのか、俊の胸からにじりおりると、少し離れて、ふせの姿勢で「ニャー」と呼ぶ。

俊とタマはもつれ合いながら、納屋の大屋根に上がっていく。

ポチはそのあいだ、タマの動きをじっと目で追っていた。

「ポチ、今日の散歩もぼくと行こうか」

洋介がそう言うと、ポチはうれしそうに、散歩用のリードを持ってきた洋介の前でぴょんぴょんと二回はねて、散歩に出かけた。

犬は家族の生活を観察しながら、一番は父親、二番は母親、三番は兄の洋介、などと家族の中に順位を感じながら、その家の一員として暮らす動物だ。そして、自分より上位だと認めた者にはおとなしくしたがう。

けれどポチにとって、あとからやってきたタマは自分よりも下位だ。

だから、俊の前にポチとタマがいるとき、俊が最初に声をかけなければいけないのはポチなのだが、いつもタマが先。ポチが無視されることも多かった。

きっとポチの不満は、自分より順位の高い俊よりも、下位のタマに向けられていたのだろう。

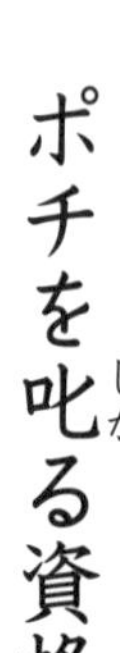

ポチを叱(しか)る資格

夏休みに入ったある日の午後四時ごろ、縁側の前で猫じゃらしを振(ふ)り回す俊とタマがじゃれ合っているとき、洋介とポチが散歩から帰ってきた。

ポチは決して乱暴な犬ではない。けれどこのときのポチは、ハーハーと荒(あら)い息を吐(は)きながら、首輪につながれているリードをピーンと張って、洋介を引っ張るようにして俊とタマにぐんぐん近づいてきた。

それは、あっというまの出来事だった。

ポチが、いきなりタマの首にかみついたのだ。

タマには声を発する時間さえなかった。俊は叫(さけ)んだ。

「ポチ！　何するんだ！」

おろおろしながらタマを抱き上げた俊は、ポチに背中を向けて、タマを守るように縁側に置いておおいかぶさった。

「タマ、タマちゃん……！」

かすれたような声で呼び続けるが、タマはぴくりとも動かない。

その直後のポチは、不思議なほど静かで、ただじっと俊とタマを見ているだけだった。

洋介はポチを三メートルくらいタマから引き離して、するどく命令した。

「ポチ、座れ！」

リードを短くたぐり寄せて、足元にポチをしたがえる。

「ポチ、いけない！　タマをかんだらダメ！」

そう言うと同時に、ポチの口元を手で一回たたいた。洋介はさらに、しゃがんでポチの目を間近に見すえ、同じ言葉を二回くり返した。

洋介は庭に片ひざをついたまま、俊に声をかける。

「俊、タマはだいじょうぶか……？」

「だいじょうぶじゃない……」

振り返った俊の目から大粒の涙がこぼれ落ちる。

「タマ……、目を開けて、タマ……」

ポチを怒る気力さえもない俊は、タマの名を小さく呼び続けるだけだった。

立ち上がった洋介の表情は硬い。

「俊、おまえにポチを叱る資格はないぞ。前から気になっていたんだ。おまえはいつもタマばかりかわいがってた。いつもタマと遊ぶだけだった。タマが大切なのはいいけど、うちにはタマよりも前からポチがいるんだ。おまえがタマばかりかわいがるから、ポチはさみしくて、くやしかったんだ」

兄の言葉は突きさすように俊の心にしみる。兄の言うとおりだと思った。

俊は決して犬が嫌いだったわけではない。好きか嫌いかと聞かれれば、好きと答える気持ちはあった。でも、目鼻口が小ぢんまりとまとまった猫の小顔はあまりにも愛らしく、俊の足や手に顔をすりすりしてくる仕草も、心がとろけるほどいとおしかったのだ。だから、ポチに向ける愛情もタマにそそいできた。

毎日がタマのことでスタートし、学校が終わればタマを思い浮かべながら帰り道を急ぐ。夜はタマにおやすみを言って眠る日々だった。

返す言葉もなく、しゃくり泣く俊に、洋介は続ける。

「おまえは一回でもポチと散歩したことがあるか？　ないよな。ポチとタマはきょうだいみたいなものだ。ポチだって、おまえから優しい言葉が欲しかったはずだ。ポチは今日まで、じっとがまんしていたんだぞ」

洋介はもう一度うめくように言った。

「おまえに、ポチを叱る資格は、ないからな」

うなずくこともできない俊の胸に、重くのしかかる兄の言葉。涙をぬぐってポチをそっと見る。俊に見られていることがわかると、ポチは横を向いて、「クーン……」と一声もらした。

「ポチ、おいで」

洋介に連れられて、ポチは犬小屋につながれた。

タマのお墓

俊は、縁側に横たわるタマに手をそえて、声を落としてしくしく泣いている。

タマが死んでしまったと、洋介から事情を聞いた母は、父と相談した。

「俊、お父さんがタマのお墓を造ってくれるって。お父さんと一緒(いっしょ)に行って、タマを天国に送ってあげなさい」

母にこくりとうなずいた俊は、タマを抱き上げた。

仕事熱心な父から、俊は怒られたことはほとんどない。ただ小学一年生のころ、きびしく叱られて納屋に閉じこめられたことが一度だけある。

そのとき、しばらくたってから母が助けてくれた。俊が口答えしても、イヤミを言っても、母は決して言い返してはこない。いつも俊に反省をさせたのは、悲しそうな母の表情である。そんな父と母であった。

俊と洋介は父のあとについてハルモミジのある坂を下り、広い茶畑のまん中の道を行く。道路をひとつ越えた先の、お茶のだんだん畑の一番奥に広がる林の入り口で、父と洋介は墓穴を掘り始めた。

「タマをよこしなさい」

父がさし出す両手にタマをあずける俊は、こらえきれずに涙声をもらす。

「タマちゃん……」

このとき俊は、兄の言葉を思い出し、タマを死なせた責任は自分にもあることを思って、心の中で何度も祈るのだった。

――タマ、ごめんね。ごめんね、タマ……。

少しあとからやってきた母が、一輪のヤマユリの花を俊に渡した。

「これをタマに、たむけてあげなさい」

俊はしゃがみこんで、父がていねいにおさめたタマの上に、ヤマユリをそえた。

父と洋介は、タマの体に少しずつ土を重ねていく。父はずっと無言だった。

小さな盛り土の上に、母がもう一輪のヤマユリを置いた。それを見た俊は、タマのお墓の前にひざまずいて、いつまでも泣き続けた。

——まだ二歳のタマを、死なせてしまった……。

そう思ったとき、タマが動物病院の診察台にのせられたときのことがよみがえってきた。あのとき獣医に言われて、俊はこう答えたのだ。

「はい、タマをいっぱい長生きさせます」

けれど、先生に誓ったその約束を、俊は守れなかった。くやんでも決して戻ることのできない思い出をたどって、タマが猫風邪をひいたときのことが頭に浮かんできた。

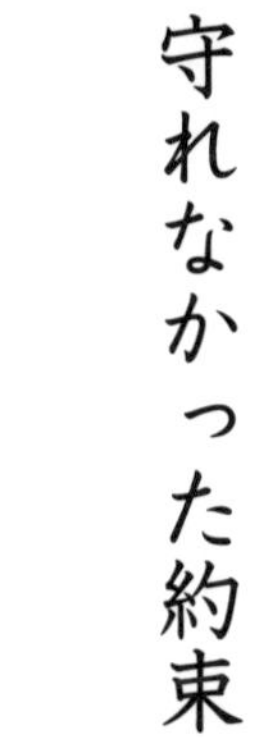

守れなかった約束

六カ月ほど前の、冬のある日のことだ。母が言った。

「タマはきのうから少し元気がないね。朝のキャットフードもほとんど残している」

そのうちにタマは首を左右に振りながらくしゃみをするようになり、その回数は増えていった。鼻水も流している。

「タマは猫風邪をひいたのかもしれない。すぐ動物病院に連れていきましょう。俊も一緒に行く？」

「うん、ぼくも行く」

母は予約の電話をした。

「きのうから元気がなくて、食欲もありません。今日はくしゃみも多くなっています」

タマが動物病院で診察を受けるのは、この日で三回目だった。

最初は、父に拾われてすぐ健康診断を受けた。次は、生後六カ月くらいのときに「去勢手術」をした。飼うことのできない猫の数を増やしてしまうと、タマのように捨てられる子猫が出てくるからだ。

午後三時十五分。予約時間の十五分前に着いた。俊が動物病院に来るのは初めてだった。待合室にはおばあさんが一人、その足元には毛の長い小さな黒い犬が、おとなしくお座りをしている。病気のようには見えないその犬を、俊がながめていると、

「タマちゃん、第一診察室にお入りください」

若い女性の看護師に案内され、俊はタマを抱いて初めて診察室に入った。勉強机くらいの大きさのテーブルがある。少しこわそうな先生をちらっと見てきんちょうするが、母の話を思い出した。

〈タマの主治医の先生はね、家できょうだいの猫を二匹飼っているんだよ。俊と同じように、猫好きの先生なのよ〉

安心していると、先生が言った。

「それでは、診察台にのせてください」

俊がテーブルに近づくと、タマはツメを出して俊のパーカーにしがみつき、離れようとしない。それに、ふるえている。

「タマ、心配しないで、病気を治してもらうんだからね」

タマをなんとか診察台にのせると、看護師が「だいじょうぶよ」と言いながら、タマをなでて落ち着かせる。やがてタマは静かになった。

先生は、タマの体重をカルテに記入する。

カルテにはられた初回診察のときのタマの写真と、目の前のタマを見比べて、先生は言った。

「ひさしぶりですね、タマちゃん」

先生はタマを覚えているようだ。タマはきょとんとしながら、首を引いて先生を見る。このときの先生の笑顔を見て、俊は温かいカイロを抱いたような安心感がわいてきた。

そのあと、先生は短い棒のようなものをタマのおしりに差しこんだ。

「えっ！　何するの？」

おびえた俊は母に小声で聞いた。

「体温計よ。体温を測ってるの。俊も小さいころは、お母さんがあんなふうに体温計をさして測ったのよ。痛くはないから心配しないで。ほら、タマも静かにしているでしょ？」

俊はちょっとはにかんでタマを見る。先生はカルテにタマの体温を記入した。

次は聴診器（ちょうしんき）をタマの胸にあてて、肺や呼吸の音を確認している。

俊は、高さ一メートルくらいの位置に横たわるタマを見るのは初めてだった。いつもはだっこして上からなでることが多いけれど、こうして見ると、タマのおしりの穴や、口を開いたときのちっちゃなキバがよく見える。俊は、タマがときどきカミカミしてくる自分の手をさすりながら、診察されているタマの様子をながめていた。

先生はタマの体全体をていねいになでていく。頭から背中、しっぽまでをなぞり、おなかをくり返しつまんで診察する。

「少し、衰弱（すいじゃく）していますね」

タマのひとみをのぞき、口も開かせて観察する。

「子猫やまだ若い猫、年をとった猫は免疫力（病気に抵抗するチカラ）が低いので、風邪が悪化しやすいです。これからも、今回のように早めに診察を受けるようにしてくださいね」

「はい、わかりました」

と母は答えた。

子猫や年老いた猫が風邪をひいた場合、自然には治らず、放っておけば悪化するという。タマを「猫風邪」と診断した先生は、風邪薬をあたえて言った。

「おとなしい性格の子ですね。甘えんぼうですか？」

「そうです」

母は笑顔になった。

「家族にはよくなついていて、温和です。活発によく遊ぶけれど、要領の悪いところもあります。用心深くて、知らない人には近づきませんね」

母のその話を聞きながら表情をくずしている俊の様子から、先生は俊がタマを猫っかわいがりしていることを見抜いたのか、俊に言った。

「タマちゃんは、よく眠る？」

「はい」

「タマちゃんが寝ているときは、たとえ君が一緒に遊びたいと思っても、がまんして、タマちゃんが起きるまで静かに寝かせてあげてね。寝る子は育つっていうでしょう？　がまんすることも猫への優しさだよ」

「はい、わかりました」

「君は、いくつ？」

「十歳です」

「猫の寿命は、ノラ猫は五歳くらい。飼い猫は十歳から十五歳くらいなんだ。でも二十歳以上、生きる猫もいるんだよ。これからも大切に育てて、タマちゃんを長生きさせてあげようね」

「はい、タマをいっぱい長生きさせます」

タマへの慎重（しんちょう）で優しい手つきの先生の目を見て、俊ははっきりとそう返事をしたのだった。

あのとき、先生としたふたつの約束を、俊は改めて思い出していた。

ひとつ、タマが眠っているときは、遊びたくてもがまんして、寝かせてあげること。

これはよく守ったと思う。

ふたつ、タマをいっぱい長生きさせること……。

今、ヤマユリのお墓に眠るタマは、わずか二歳である。

捨てられていたタマが、そのままノラ猫となっても、五年は生きたかもしれない……。そう思うと、また一気に涙があふれてきた。先生の優しい表情が大きくせまってきて、俊の胸は、はりさけそうに苦しい。

――先生……、ぼくは、どうしたらいいの！

すすっても、すすっても、たれる鼻水は止まらない。

日はしずみかけて、西の山が薄墨色(うすずみいろ)に染まってきた。


母が台所で夕食のしたくをしていると、ゆいがバレー部の夏季練習から帰ってきた。

「ただいま」

「ゆい、お帰り」

母はいつも、ゆいが帰宅するとすぐにその表情を見る。

ゆいは生まれたときに体が弱く、「あまり長生きはできないでしょう」と医者から言われていたからだ。小学生時代は風邪をひきやすく、学校を休むことも多かった。それでも、大事に育てられたゆいは、中学生になってからは、よく歩く生活をとおして健康になっていった。

父と洋介は居間にいて無言だった。しっかり者のゆいは、いつもと違う雰囲気を感じて母に小声で聞いた。

「どうしたの、お母さん、何かあったの？」

「……今日、ポチがタマをかんで、タマは死んでしまったのよ」

「えぇっ……そんな……」

「洋介がその場にいたから、洋介に聞いて」

洋介が横を向いたまままたんたんと話す内容に、ゆいは言葉もなかった。そんなことになってしまった原因についての洋介の意見に、ゆいもうなずけるからであった。

「もっと早く、俊に注意すればよかった」

くやむ洋介の表情は暗い。

「ゆい」

母が声をかけた。

「俊はいつもタマをかわいがっていたから、かなりショックを受けているみたいなの」

母の話によると、茶畑の南の奥にタマのお墓を造ったが、俊はずっとそこにいて、まだ戻ってこないという。

「ゆい、様子を見に行って、家に帰るように俊に話してくれる？」

気の重い母の頼み事に、ゆいはとまどう。

日ごろから俊はタマを猫っかわいがりしていた。声だけ聞けば、俊はいつもつきっきりで、年の離れた無口な弟の世話をやいているかのように、タマに話しかけていた。

ゆいは、俊がまだ幼児のころを思い出した。体の弱い小学生のゆいは、学校を休みがちであったが、俊によく本を読み聞かせてあげた。物語好きの俊はしょっちゅうせがんできた。そのたびに、待たせたことはあっても、応じなかったことはない。

そのうちに俊は一冊の本をくり返し持ってきた。『こぐまのぼうけん』である。無言のまま俊はいつも同じところで涙をぽろぽろ流した。やがて「自分で読みたいから字を教えて」と言ってきたのだ。同じ本を何回も一人で読む様子を見ていると、いつも目頭を拭いていたのは、たぶん同じところであったとゆいは感じていた。

今、小学五年生になったとはいえ、俊にとって「タマの死」は物語ではない。その胸には、生きるタマの温もりが残っている。その手のひらは、毛並みのやわらかさを覚えているのだ。しかも、タマは、〝自分のせいで〟死んだ……。俊がどれほどしずんでいるのか想像もできない。


ゆいが重しを付けられたような足どりで夕闇(ゆうやみ)の坂道を行くと、俊のつぶやく声が聞こえてきた。何を言っているのかはわからない。驚かせたくないので、わざと音を立てながら近づいていった。けれど、俊は振り返らない。

「俊、だいじょうぶ？」

「…………」

「俊、明日またお墓まいりをしよう。だから、今日はもう家に帰ろう」

ゆいを見上げた俊は、手で顔をぬぐいながらゆっくり立ち上がった。

二人は茶畑の一本道を無言で帰っていった。

ごめんね、ポチ

病人のように青ざめた表情の俊は、毎日タマのお墓まいりをしていた。

抜けがらのような俊の心に、あの日「クーン……」と悲しげに鳴いたポチの顔が浮かぶようになった。


タマの死から五日が過ぎた日の午後、洋介が言った。

「俊、今日はおまえが、ポチを散歩に連れていけよ」

俊はまだ、わだかまりをかかえたままだったが、ポチと散歩に行くべきかな、と思い始めてもいたので、「うん」と返事をした。

けれど、俊は不安だった。

――ポチは、ぼくのことをどう思っているんだろう？

玄関から犬小屋をのぞく。中にいるポチの背中しか見えない。ドキドキしながら歩み寄る。

「ポチ、今まで、ごめんね。ぼくはタマばっかりかわいがって、ポチに声をかけることは、あまりなかった。ポチが嫌いだったわけじゃないんだけど、ごめんね。お兄ちゃんの言うとおり、ポチはさびしかったんだね……」

俊の気配を感じたポチが、犬小屋からのっそりと出てきた。

「ごめんね、ポチ。ぼくが悪かったんだ。これからはぼくが毎日、散歩に行くからね」

ポチは少し首をかしげてお座りをしている。俊は散歩用のリードを手にした。散歩だということがわかったポチは、立ち上がってしっぽを振る。

——ポチは五日前のことを、もう忘れているのかな……？

俊にとって、しっぽを振るポチの姿は意外だった。

ポチと俊は北へ向かう。急カーブのくぬぎ坂を上がり、二本松峠（とうげ）に出る道を歩いていく。

「お手、お座り、待て」くらいのしつけしかされていないポチは、俊の前を足早にリードを引っ張る。ときどき草むらや木の根のにおいをクンクン嗅いで、何回かオシッコをした。

俊にとっては、おわびの散歩だった。

ゆいのクラスメイト愛ちゃんの家の前の大曲がりで、ポチは後ろに向き俊を見た。「なに？」と声をかけたが、ポチはすぐ歩き始める。小川の橋を渡るとき、ポチはまた振り返った。

「どうしたの？」

そそくさとすぐ歩き始めるポチのあとを小走りについていきながら、俊の目に涙が浮かぶ。

この五日間、タマがいないことに、ポチは何か感ずるものがあるのだろうか。俊にはわからない。ポチにとって、あの出来事は、なんだったのだろうか。

何事もなかったかのようなポチの様子。

——ポチは、ぼくのこと、にくんでいたんじゃないの？

心でそう聞いてみるけれど、ポチの気持ちは見えない。ときおり振り返って俊を見るポチの表情はおだやかだ。敵意もうらみも感じられなかった。

あの出来事は、ポチにとって、ただ本能のおもむくまま行動したに過ぎなかったのだろうか。だから、すぐに忘れてしまったのだろうか。

この日、これから毎日ポチと散歩することを決意した俊は、覚悟していた。

――もし、ポチがぼくにかみつきたいなら、よけずにかませてあげよう。

でもポチは、何度か振り返ったけれど、むしろほほえみの表情だ。ポチにとっては、ただ散歩がうれしいだけなのだろうか。

ポチは、リードを右に引けば右の道を進み、待てと言えば立ち止まる。タマの死という悲しみに打ちのめされた俊には、ポチの素直さを、どう受け止めればいいのかわからなかった。

「ポチ、ごめんね。こんなぼくとの散歩、楽しいの?」

ポチはもともと、こんなにおとなしい犬だったのだろうか。たぶんそうなのだろうと俊は思う。

そんなポチを、あの行動にかりたてたのは、約二年間を通して見せつけた自分のかたよった愛情だったのだ。そう考えると、ポチに申し訳ないという気持ちが強くわき上がり、ポチがあわれに思えた。

涙の二本松峠

二本松峠の平らな一本道は、雑木が刈られていて明るい。西の空にかたむきかけた陽光が、木の影をくっきりと浮き立たせている。

峠まで来たポチと俊は、またもとの道を帰っていく。

散歩中、ポチのことばかり考え続けた俊の心に、すりすりするタマの小顔があざやかに浮かんできた。

「タマ……」と思わず声に出しそうになって、言葉をのみこんだ俊の目に、また涙があふれてくる。

俊は立ち止まって空を見上げた。

――タマをかみ殺したポチを今、ぼくが散歩させている。ぼくとポチを天国から見ているタマは、いったいどう思っているだろう……。タマ、ごめんなさい。ごめんなさい……。

タマにしてみれば、敵のリードをにぎって歩く自分を許せるはずはないと思うのだ。

俊の胸に、熱い溶岩のようにせまるタマの顔。きっとタマは怒っているに違いない。

ほほをぬらす涙をぬぐいもせず、今度は俊がポチの前を足早に行くのだった。

――タマ、ごめんなさい、タマ……。

家に着き、ポチを犬小屋につないだ俊は、一目散にハルモミジの坂を駆け下りて、タマが眠るお墓に向かった。

ぬれたくしゃくしゃ顔のまま、俊はタマのお墓の前にしゃがみこむ。

「タマ、ごめんね。タマ、ぼくを許してはくれないよね……」

なぜポチの散歩をするのか、俊はむせかえる声をけんめいにしずめながら、タマに語りかけた。それは、タマにとってなんのなぐさめにもならないかもしれないとも思う。でも俊は、もうポチの散歩はしない、とは言えなかった。

いつまでも続く俊の泣き声。西日はかげり、お墓は夕闇に包まれていった。

次の日も、また次の日も、俊はポチの散歩とお墓まいりを続けていた。

心の中で「ごめんなさい」とくり返しながら、二本松峠を折り返す。タマを失い、枯(か)れた心を引きずって、タマが眠る盛り土のお墓にたどり着く。夜のとばりが茶畑を包むまで、お墓からは俊が謝り続ける声が聞こえた。

出口の見えない俊の夏休みは終わり、二学期が始まる。

『ただ今、地震(じしん)がありました。生徒のみなさんは、先生の指示にしたがって避難(ひなん)してください』

九月一日、防災の日。午前中に、ゆいの通う中学校で防災訓練の緊急(きんきゅう)校内放送が流れた。担任の水川(みずかわ)先生の指示が飛ぶ。

「はーい、みんな机の下に入りなさい。机の上のものはそのままでいいから。堀谷(ほりや)くん、ボサッとしてないで。みんなまじめに行動しなさい」

ガタガタとイスをひく音とともに、生徒たちはいっせいに机の下に隠れた。訓練とわかっているから、多くの生徒たちには余裕(よゆう)の笑顔が見られる。

「ねえ、ゆいちゃん」

くぬぎ坂の先の大きなカーブに面した家の長女、愛は、机の脚(あし)をにぎったまま、日に焼けた顔にしんけんな表情を浮かべている。

「どうしたの、愛ちゃん？」

「俊ちゃんのことだけど……、ちゃんと学校に行ってる？　何かあったの？」

「なんで？」

「泣きながら犬の散歩をしていたよ」

「えっ！」

思わず大声を出しそうになったゆいは、あわてて両手のひらで口を押(お)さえた。

「いつ？」

夏休みに入ってから熱海(あたみ)の母親の実家に行っていた愛は、お盆(ぼん)を過ぎてから帰ってきたという。

「だから、私が俊ちゃんを偶然(ぐうぜん)に見たのは四、五回かな。そのうち三回は、たしかに泣いてたよ。最初は、何か言ってる声も少し聞こえたような気がする」

俊はいつも涙をぬぐう仕草をしていたらしい。

「はい、みなさん、揺れは止まったようです。しかし、余震があるかもしれないので、順序よく、急いで教室を出て、校庭に集合しなさい」

水川先生は両手を二、三回打ち鳴らして言った。

「早く、急いで！　でも、あわてないで！」

ゆいは予想以上に俊の悲しみが深いことを知った。

「愛ちゃん、実はね――」

二人は次々に生徒たちに追い越されながら、二階から階段を下りていく。

「俊がかわいがっていた猫のタマが、ポチにかまれて死んだのよ」

「えっ！」

驚いた表情で愛は言った。

「じゃあ、俊ちゃんは、大事なタマを死なせた犬を散歩させているの？」

「そうね。毎日散歩しているみたいよ」

「なんで？　ねえ、なんでなの？」

愛は、俊の散歩の様子を思い出しながら疑問をぶつける。あの様子は、にくい犬を叱るための散歩という雰囲気ではなかった。なぜ俊が泣いていたのか、理屈(りくつ)に合わない光景だ。

ゆいは答に困ったが、愛にこう言った。

「お兄ちゃんが、『俊にも責任があるから、俊を叱った』って話していたから、俊は反省しているんだと思う」

校庭から再び教室に戻りながら、ゆいは、俊がタマだけをかわいがっていたことなどを簡単に愛に説明したのだった。

ケジメの誓い

九月四日、日曜日。午前のにわか雨がやんだ昼ごろ、俊が縁側に座ってぼんやりと、犬小屋の前で首をかいているポチをながめていると、ゆいが言った。

「俊、あんたがしくしく泣きながら犬の散歩をしていたけど、だいじょうぶなのって、友だちの愛ちゃんが心配していたよ」

「えっ……?」

ほとんど人通りのない時間の散歩道なのに、姉の同級生に見られていたことを初めて知った俊は、はずかしかったが、しかたがないと思った。

俊の気持ちの整理はまだつかないままだったのだ。

本当はきょうだいのようであったはずのポチとタマ。自分のかたよった愛情がもたらした、ポチとタマの結末。ポチの罪を問うことができない自分のおろかさ。何回つぶやいても、許してはもらえない「ごめんね」という言葉のむなしさ。つぐなうことのできないタマの死……。

俊の心は渦にのみこまれたようにもがき続けた。

月日だけが無情に流れる――。

その年の十二月の終わりころ、緑色に変わったハルモミジの葉がすっかり散って、からっ風が吹き始めた。俊は小学五年生の二学期を終えた。いつまでも泣いてばかりの散歩人生ではいけないような気がしていた。勉強だって遅れてしまう。ケジメをつけて、前に進まなければならない、と思った。

俊は、誰もあたえてはくれない自分に対する罰を、自分で探し求めていたのかもしれない。罪は、罰なくしては終わらないのだから。

気持ちを切りかえようとしていたその冬のある土曜日。夕暮れがせまるころ、俊はタマのお墓の前で誓いを立てた。

「猫を飼う資格は、ぼくにはない。ぼくはもう、猫を飼ってはいけないんだ！」

二度と猫を飼うことは許されない。しかしそれは、猫が大好きな俊にとって、あまりにもさびしく、つらい決心だった。猫は飼えないけれど、猫が大好きな気持ちを止めることはできない。タマのお墓の盛り土を両手でさすりながら、俊は思った。

——そうだ。ぼくはもう猫を飼えないけど、これからは日本中の猫が、タマなんだと思うことにしよう。自分の家に猫はいなくても、外で見かける猫には、みんな、タマと同じように、大好きな気持ちをささげよう！

新たな生き方を見つめる俊。この日初めて、タマのお墓まいりから家に帰る俊の足取りは、少しだけ軽くなった。

タマの死から約五カ月。年が明けて、冬休みが終わる三日前のこと、ゆいの中学校のバレー部の同級生、泉綾子から電話があった。

「ゆいちゃんの家には、猫と犬がいたよね？」

「今は犬だけよ」

「えっ、猫はいないの？　……そう。実はうちの猫が赤ちゃんを三匹産んだの。一匹だけでも、もらってくれる里親を探しているんだけど、ゆいちゃんちで、もらってくれないかな」

みるみる顔がほころぶゆいは、一呼吸置いて、胸に手をあてて言った。

「わかった、家族に相談してみる。ありがとう、綾ちゃん」

その日の夜、ゆいはまず父に相談した。

俊はいまだにタマの死の悲しみを引きずっているように見える。俊を笑顔にさせるためにも、友だちの家で生まれたばかりの赤ちゃん猫を引き取りたい。俊もきっと、喜ぶと思うから、と。

しかし父は、「うーん」と言ったまましばらく黙った。

思いがけない父のにぶい反応に、ゆいは「いいでしょう⁉」と強くたたみかける。

「たしかに、それによって俊の心が癒されて、元気になればいいが、俊自身がなんと言うかな……。新しい子猫で、取りかえのきく悲しみかどうか、俊によく聞いてからにしなさい」

「俊がいいって言えば、いいのね？」

「そうだな。あと、みんなにも話してな」

〝取りかえのきく悲しみ〟という父の言葉に少し不安を感じたゆいだが、あれほど猫好きの俊だから、きっとだいじょうぶだと思い直す。

ゆいは母の同意を取り、兄の洋介にも話した。

正月早々、同級生がもたらしてくれた幸福の知らせがありがたく、ゆいは、これから始まる喪明(もあ)けのような新年に感謝した。

ゆいが満面に笑みを浮かべながら、机で勉強している俊の肩(かた)をたたいた。

「友だちの家でね、三匹の子猫が生まれたんだって。全部は飼えないから、今、里親を探しているそうよ。お父さんもお母さんも、いいよって言ってくれたの。俊、私と一緒に引き取りに行かない？」

すると、俊は首を横に振った。

「ぼくは、飼えないよ。お姉ちゃん、子猫をもらいに行かないで！」

「えぇっ⁉」

すっとんきょうな声を発して目を丸くしたゆいは、口をあんぐりと開けた。

「飼えないって……、俊、猫を飼う気ないの？　ホントに……？」

猫を引き取る気持ちがないという俊の本心を確認したゆいは、「お母さーん」と言いながら居間に向かった。

みーちゃん

押し流すように月日は過ぎる。家の南側に立つ庭木のハルモミジ。星の形の葉は短い春に紅葉を迎える。モミジの種類は多いが、この家のハルモミジの葉は春先に芽をふいて、五月ごろに紅色（べにいろ）に染まり、秋には散ってしまう。

春の紅と夏の緑をくり返すハルモミジの葉が、タマの死からもう一回変化した年の秋、ある日曜日の午後のことだった。

小学六年生になっていた俊が、来年の春から通学する予定の中学校を見学に行った帰り道、自転車で学校正門前の大通りを西へ向かい、本屋の前を通り過ぎた先のせまい空き地で、茶トラのまだ幼い猫を見つけた。

「あっ、タマだ」

自転車のブレーキを少しずつかけて、ゆっくり停車する。

いろいろな性格の猫がいる。初対面の猫と触れ合うことは、人によく慣れた猫でないかぎり、とても難しい。俊はタマの様子を見守る。

静かにタマに歩み寄って、五メートルくらい手前で立ち止まり、しゃがんだ。

俊を後ろ向きに見つめながら、手足を伸ばして逃げる構えのタマは、そのままの姿でじっとしている。タマも俊の様子を観察しているのだ。

猫と仲良くなるには、このあとが大事であることを、約一年の経験で俊は知っている。こっちが立ち上がれば、猫は逃げ去る。

猫が初めての人間と接する態度には、それぞれの猫の子猫時代の生活や経験によって違いがある。人間にいじわるをされたことのある猫は、人間をこわがるようになるのだ。

俊はしゃがんだまま、ジリッと一歩、横に動いた。タマはぴくっとする。

けれど、距離を一定に保っているので、タマは体を丸めて少し驚いてはいるが、動かない。

たぶんこの子は、飼い主家族の愛情にめぐまれて、人間嫌いになってはいないと、俊は感じた。

「タマ、ぼくも、友だちだよ。タマ、大好きだよ」

小声で言い、俊はしゃがんだまま笑顔で、また横にジリッと動きつつわずかに距離をつめて、また止まる。猫に向かって直進すると逃げられるからだ。

そのうちに猫が俊の〝友だちメッセージ〟を受け止めて、ゴロッとねっころがることがある。俊はしんぼう強く、そのときを待つ。

「タマ……タマちゃん……」

俊が呼びかけながら、しゃがんだまま手をさしのべたときである。

「この子はタマじゃないよ、みーちゃんだよ」

六歳くらいの男の子が猫の前に立った。

飼い主が現れて猫は安心したのか、「ニャー」と鳴いて男の子の足元にすり寄る。

男の子は猫を抱き上げた。

「そうなの。この子はみーちゃんか。かわいいね」

俊は立ち上がり、静かに近づいて聞く。

「みーちゃんは、何歳？」

「まだ二歳だよ」

男の子になでられて、猫は目を細めている。

「女の子？　男の子？」

「女の子だよ」

俊はひざを折って、みーちゃんに笑顔を向けて言った。

「みーちゃん、元気だね」

すると、みーちゃんは男の子にしがみついて顔をうずめた。

「こわがらせて、ごめんね」

俊は一歩下がって、また聞く。

「君の家には、犬もいるの？」

「いないよ」

「この子は、よく眠る？」

「うん」

「みーちゃんが眠っているときは、君がみーちゃんと遊びたくても、起こさないで、寝かせてあげたほうがいいよ」

「うん、お母さんにも言われた」

「そうなんだ」

男の子と俊の会話が進むうちに、みーちゃんは首を伸ばして俊を見た。

自分の飼い主と、この人は、知り合いなのかな？　と猫は感じている。

俊は目の前のみーちゃんをひとなでしたいと思った。でも、俊は初対面の人間だから、早めに離れたほうが、みーちゃんは安心するだろう。

「みーちゃん、今日はありがとう。ぼくが中学生になったら、またいつか会えるかな。じゃあ、さようなら」

二人に別れを告げて、俊は自転車にまたがった。

中学校の通学路となる東西直線にのびる正門前大通り。俊は、さわやかな秋の風をいっぱい感じながら、ペダルをこいで家路についた。

「タマ、ポチ、待っててね。今、帰るからね……」

第2部

クルとキク

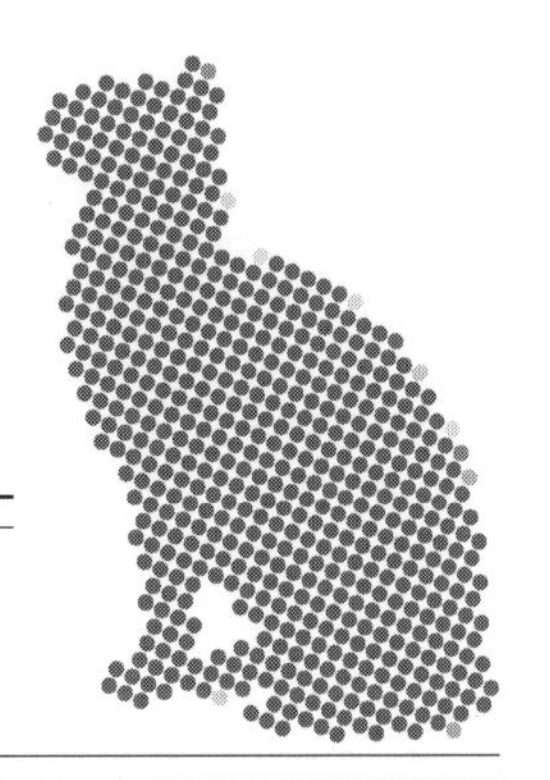

三日後に殺処分の予定

「あっ、タヌキが歩いてる！」

小学校低学年くらいの男の子が叫んで、前を指さした。コンビニエンスストア横の路地。もう一人の三つ編みの幼女が、母親の左手をにぎったまま、不思議そうに言う。

「お兄ちゃん、あれ、キツネじゃないの？」

「これ！　あの子はワンちゃんよ。失礼ね……」

子ども二人をたしなめた母親は、困ったような表情で、犬を散歩中の俊におじぎをして通り過ぎる。笑顔で一礼を返した俊は、トコトコ前を歩く雑種の中型犬、八歳の犬につぶやいた。

「クル、気にしないよね」

散歩中、行きかう子どもたちからときどき「タヌキ」や「キツネ」と間違えられるのは、鼻と口の周りが黒いからだろうか。長めの毛並みは頭・首・背中はこげ茶色だが、後ろ足の付け根あたり、腰のサイドは黒毛が目立つ。耳と胸は白毛が多い。こげ茶と明るい茶色、黒と白がまじった三色のしっぽは、短いけれど馬のたてがみのようにフサフサで、歩くリズムに揺(ゆ)れている。飼い主仲間からは、クルにはポメラニアンの血が入っているのでは？　と言われていた。

「クル」と名付けたのは俊の妻、代仁(よに)である。

あじさい北公園に向かいながら、俊は八年前、動物愛護相談センターで初めてクルと出会ったときのことを思い出していた。

「この子の名前はクルにする。私の足にまとわりついてくるこの子の耳あたりの毛並みがクルクルの巻き毛で、見上げる目がクリッとしていて愛らしいからよ」

代仁は実家で中学生時代から二十年間、白い中型犬の「ミク」を飼っていた。ミクは近所の小学生から引き取った捨て犬の雑種犬だった。

そのミクの死から数年、冬の終わりころ代仁は言った。

「毎年、捨てられる犬や猫が全国の保健所に集められて、里親にめぐり会えないままなん万匹も殺処分されているわ。私は一匹しか助けられないけれど、なんとかそういう犬を飼いたいと思うの」

世田谷区八幡山にある東京都動物愛護相談センターに問い合わせてみると、三日後に殺処分が予定されている子犬が三匹いるという。俊と代仁が引き取りに向かったのは、三月三日のことだった。

このセンターでは、引き取り希望があれば誰にでも犬や猫を引き渡すわけではない。引き取るには、センターの「引き渡し条件」をクリアしていなければならないのだ。

その条件は、たとえば、東京都内に住んでいること。年齢は二十歳～六十歳まで。家族全員に動物アレルギーがないこと。引き取り後に不妊去勢手術を受けさせること。マンションやアパートの場合は、ペットを飼ってもいいと規約で認められていることなどだ。もちろん一番大切なことは、動物愛護の精神によって、最後まで責任を持って飼うことだ（現在は、引き渡し条件をクリアしたうえで、講習会にも参加する必要がある）。

二人が八幡山駅からタクシーに乗って目的地を告げると、中年男性のドライバーはこんなことを言った。

「動物愛護センター？　ああ、犬を殺すところね」

この男性がいだくイメージに、どんな気持ちがこめられているのかはわからない。

代仁と俊は言葉を失ったまま動物愛護相談センターに着いた。

応対した職員の中年男性は、二人を面接して引き渡し条件を確認したあと、犬の保護室に案内した。約四メートル四方の木製の囲いの中に、子犬が三匹、元気にたわむれている。

「かわいい……」

思わずほほえんだ代仁の胸には、改めてこみ上げてくるものがあった。何も知らないままま、むじゃきにもつれ合う子犬たちは、このままだと三日後には殺処分される運命なのだ。自分は一匹しか引き取ることができない。残される二匹は、三日間のうちに引き取り手が見つかるだろうか……。

代仁は、どの子犬にするか決めることができないまま、囲いの上に手をのせて、走り回る子犬たちをしばらく見守っていた。

俊が職員に聞く。

「将来、大型犬に成長しそうな子はいますか?」

「それはなんとも言えませんね。全身茶色の二匹は柴犬と思われます。茶色と黒のヌーちゃんは、毛並みが長め、モコモコしていて〝ぬいぐるみ〟みたいなので、ここでは仮にそう名付けたのですが、犬種はよくわかりません。雑種だと思います」

代仁は職員に決断の手がかりを聞いた。

「この中で、一番引き取り手のなさそうな子は、どの子ですか?」

「ヌーちゃんですね。他の子犬はオスですが、ヌーちゃんは女の子です」

「囲いの中に入ってもいいですか?」

「いいですよ、どうぞ」

代仁は子犬たちを刺激しないように、静かにサークルの中に入った。子犬たちは一瞬、動きを止めたが、またすぐに走り始める。

自由に動き回る二匹の柴犬のあとをヨチヨチついて歩くヌーの耳のあたりは、クルクルの巻き毛だ。すでに心はヌーにかたむいている代仁は、ひらめいた名前で三匹に声をかけてみた。

「クル！」

立ち止まって代仁を見上げたのは、ヌー。さらに、代仁の足にまとわりついてきた。代仁の顔に笑みがこぼれ、片ひざをついてそっと抱き上げる。おそれる様子はない。人なつっこい犬だ。

代仁の腕のあいだからしっぽを振るヌー。代仁を見る小さなあどけない黒い顔……。そのとき、代仁はハッとした。ヌーのヒゲが切り落とされていたのだ。

犬や猫のヒゲには、周りの障害物を感知したり、平衡感覚を保ったりする役割がある。とくに、他の動物よりも視力が弱い犬のヒゲは、皮膚よりも敏感で、センサーの役目もあり、温度・湿度など空気の流れを感知する。だから、ヒゲを切られてしまうと、とくに暗闇での動きがにぶくなるのだ。

飼犬が産んだ子犬のヒゲを、飼い主が切ってから捨てたとは考えられない。捨てられていたヌーを、偶然見つけた何者かが、ヒゲを切ってまた放置したのだろうか……。

ヌーがヒゲを切られるシーンが亡霊のように思い浮かぶ薄闇に、いつか新聞で見た活字が重なって代仁は戦慄した。

東京の新宿区内で、ペットを売る業者が『猛暑の車中』に放置した『子犬・子猫十六匹』が『衰弱死』した。このペット業者の動物の扱いについては、以前から動物愛護団体が地元の警察署などに何度も「虐待をしている」と告発していた。にもかかわらず、有効な手は打たれないまま幼い命が失われたのだ。

動物への虐待事件はあとを絶たない。とくに猫に対しては、ボーガンで射殺したり、焼殺や胴体切断、ハイヒールで踏み殺すなどの事件があった。県から犬や猫を引き取っていた動物愛護団体の理事長が、保護施設内で動物をたたいたり、投げつけたりするなどの暴行を加えていたという事件も発生している。この動物愛護団体は解散し、元理事長は動物愛護法違反で略式起訴された。刑罰は罰金または科料である。

なお、犬猫の殺処分数は統計を取り始めた一九七四年がもっとも多く約百二十五万匹だったが、二〇一八年には約四万匹にまで減っている。しかし、毎日百匹以上が殺処分されている現実に変わりはない。

約十年前のピーク時から減少傾向にあるといわれる犬の飼育数は、全国で約九百万匹。犬とは逆に飼育数が増えている猫は、全国で約九五〇万匹と、犬を上回った。

二〇一九年六月、動物愛護法が改正され、ペットの遺棄防止などの目的から、ペットショップなどで売られる犬や猫にマイクロチップを装着することが義務付けられる（三年以内に導入開始）。けれど、違反しても罰則規定はない。悪質なペット業者がチップを抜き出してから遺棄するのではないか、という懸念もある。

一九七八年「動物の権利の世界宣言」第一条は、すべての動物は生命の前に平等に生まれ、同等の「生存権」をもつ、と明確に規定している。さらに第二条は「すべての動物は尊敬される権利をもつ」と定めた。憲法上「人間らしく生きる権利」を有する人間は、猫は猫なりに甘え、犬は犬なりに飼い主に寄り添いながら幸せを夢見て生きる権利があることを忘れてはならないと思う。

また、このマイクロチップは、ペットの健康に影響することはほとんどないといわれるが、電波と強い磁場を使って検査をする「ＭＲＩ検査に影響が出る」と指摘する声もある（日本獣医画像診断学会・新潟動物画像診断センター代表・板大智洋獣医師。

二〇一九年八月一日　朝日新聞より）。

八幡山の動物愛護相談センター、保護犬のサークル内で、ヒゲを切られたヌーを抱いてひざまずく代仁は震えていた。

ヌーのヒゲを切った何者かに怒りを覚えながら、代仁は明言した。

「この子を引き取りたいと思います。よろしくお願いします」

「わかりました。それでは事務室においでください」

引き渡し手続きを終えたあと、職員は子犬を入れたダンボール箱を持ってきた。

代仁はダンボールのふたを少し開けて、無言で子犬に伝える。

「これから一緒に、私たちの家に行こうね」

鳴かない子犬

俊がダンボール箱を持ち、二人はタクシーと電車を乗り継いで約一時間後、ＪＲ線の最寄り駅に着いた。子犬はときどき、空気穴から外をのぞいたり、鼻を突き出したりしていた。

「ここまで来るあいだ、この子はひと声も鳴かなかったけど、どうしたんだろう？　おびえているのかな」

「私もそれが心配だったの。だいじょうぶかしら？　センターでは元気にしていたから、まさか病気ってことはないわよね」

「タクシーに乗る前に、少し様子を見てみよう」

駅北口の横にある公園で、ダンボール箱のふたを開けた。ヌッと背伸びする黒い小顔。クルの瞳はきらきら輝いて元気そうだ。自分からピョンと飛び出すと同時に走り

出した。

「クル！」

代仁が呼ぶと、クルは向きを変えすぐに戻ってきた。

「なんか張り切っている感じ。よかったね」

代仁は優しく頭をなでながらクルに言った。

「あなたは今日から〝クル〟よ。よろしくね」

「これからクルがそばにいてくれる喜びを分かち合うために、誕生日を決めよう」

「そうね。職員の人は、生後二、三カ月でしょうって言っていたわ」

「目的を遂げて、新しい何かが生まれる日の象徴として、赤穂浪士討ち入りの日、十二月十四日にしよう」

「クル、おまえの誕生日は十二月十四日ですよ。さあ、ワンと言ってごらん」

けれどクルは鳴かなかった。

タクシーに乗り、家に着く。代仁は出かける前に、ベランダに面した部屋に新聞紙を敷いて、犬用のトイレを準備してあった。

玄関ホールでダンボール箱から飛び出したクルは、一階の居間から台所を走り回り、窓際にオシッコをした。動物特有の、縄張り主張のためのマーキングだろう。そのあとは二階に駆け上がって、ベランダに面した部屋、和室、書斎を駆けめぐりながら二か所にオシッコをした。

代仁はすぐにそれを掃除して、オシッコを拭きとったタオルをクル用のトイレに置き、クルを抱きしめて言った。

「ここが、クルのトイレよ。オシッコとウンチはここでしていいからね。だから、他の場所でしてはいけないよ。わかったわね」

オシッコタオルのにおいをクルにかがせて、少ししつこいくらい言い聞かせた。それからクルは自分のトイレ以外では決してオシッコをすることはなかった。

わが家で初めて眠るクルの夜。午後十一時ごろ、犬の飼い主としては先輩の代仁は、クルとふたりで一階居間に休むことにした。クルはよく眠れない様子である。二階にいる俊の動きや小さな生活音にも耳をそばだてて気にしている。代仁がトイレに立つと、クルもすぐ起きて代仁のあとを追いかけてくる。

「ここはあなたのおうちだから、安心して休みなさい」

クルの全身を優しくなでてから、代仁は自分の掛布団を敷いた。

代仁がふと目覚めた午前二時ごろ、クルはスヤスヤ寝息をたててぐっすり眠っている。代仁は思わず触りたくなる気持ちをおさえて目を閉じた。

クルは「お座り」「待て」「立て」「ふせ」「お手」「ごろんとねんね」など、基本的なしつけも苦労することなく身についた。健康診断のために動物病院を受診したときも、クルは「ワン」と鳴くことはなかった。

「病院の検査では、どこにも異常はなかったけど、クルは鳴き方を知らないのかな。それとも鳴くことができないのかな」

二人はそれが不安だったが、毎日元気いっぱいの様子を見て、とくに心配するほどのことではないとも思えた。近所の人からこんなことを言われた。

「お宅にはワンちゃんがいるようですけど、鳴き声が全然聞こえないですね。駐車場の前のワンちゃんは、最近、昼も夜もワンワンうるさいのに、おとなしいワンちゃんですね」

「実は、鳴き方を知らないんじゃないかと、少し心配なんですよ」

駐車場前の家のゴールデンレトリバーは、犬をかわいがっていた奥さんが亡くなったあと、外の犬小屋で飼育放棄に近い状態になっていた。もともと薄い茶色の毛は汚れて全体が黒ずんでしまっている。さみしくて、あるいは散歩を願って鳴いているのだろうと思っていた代仁が、通りがかりに声をかけると、大喜びでしっぽを振り続ける性格の良い犬だった。やがてその犬は死んだ。

クルが初めて鳴いたのは、ある日の夕刻のことだった。二階ベランダの格子のあいだから、いつものように顔を突き出して外の様子をながめていたクルが、西側の路地を通りかかった子犬を見て、「ワンワン」と小さく鳴いたのだ。

代仁はそんなクルを抱き上げ、急いで書斎に飛びこんで俊に言う。

「今、クルが鳴いたの、ワンって！　どこかの子犬が散歩で通りかかったのを見て、その犬に向かって鳴いたのよ！」

　俊は代仁のあわてぶりに笑いながらクルに言った。

「鳴いたのか、クル。その犬とお友だちになりたかったのかな？　またいつか会えるかもしれないね。でも、よかったね、安心したよ」

　頭をなでると、クルは俊の手をなめた。


　クルがトイレでオシッコをすると、ぬれた新聞紙は折りたたんで処分し、新しいものと取りかえる。いつもそれを見ていたクルは、やがて、オシッコのあとに自分で新聞紙をたたもうとするようになり、前足で苦労する様子が見られた。もちろん、どうしてもうまくいかない。

　その光景を見るたびに、代仁は小さい子どもにさとすように、クルの頭をなでながら言った。

「クルはホントにおりこうさんですね。でも、おまえの前足で新聞紙をたたむのは無理だから、いいのよ。私に任せてね」

散歩の帰りはタクシーで

幼い子犬は体の抵抗力がまだ弱いので、電柱や草むらのにおいをかぐとき、鼻先にバイ菌が付いて病気になりやすい――。初めて動物病院へ行ったとき、獣医師からこんな注意を受けていたので、クルは二カ月くらい室内で生活させてから、外の散歩に出るようになった。

それからのクルは、トイレに行きたくなると、必ず外に出たがるようになり、玄関ドアの前でお座りして待つようになった。それは雨や雪の日も変わらない。どしゃぶりの日は、玄関の外に出てからひどい雨を見て、一度は家の中に戻ってがまんする。「家のトイレにしていいんだよ」と言い聞かせるのだが、がまんできなくなったところで、やっぱり庭に出てトイレをしてすぐ戻るのだ。ヒゲはすでに生えていた。初めての散歩以降、クルが家の中でトイレをすることはなかった。

たまには雨を楽しんでいることもあった。雨上がりの日は、いつも水たまりをさけて歩くのに、どしゃぶりの雨の中をルンルンと歩き回り、わざと水たまりの中に入っていくのだ。

ある朝、俊が台所で食器洗いをしているとき、散歩から帰宅した代仁の表情が暗かった。足を拭いてもらったあとテレビの横に座るクルを見つめながら、代仁が俊に言う。

「やっぱりクルは下痢(げり)したわ。体調が悪そうだから、動物病院に行ってきます」

「どうしたんだろう?」

「きのう散歩に行った公園で会ったおじさんのせいだと思うわ。いつも飼い主に断りもなく、ポケットからビーフジャーキーを出して、散歩中の犬たちに投げあたえてしまうのよ。他の飼い主さんたちも困っているみたい。クルはこれで二回目よ。二回ともおなかをこわした。あのジャーキー、たぶん傷(いた)んでたんだわ」

代仁は、他の飼い主からも、そのジャーキーで飼い犬が不調になり動物病院に連れていったことがあると聞いていた。

クルの体調が回復したあと俊は、代仁とクルの散歩に二回同行した。すると、二回目の公園にジャーキーのおじさんがいた。

俊がクルのリードをひいて、おじさんの前を通りかかる。喜んでしっぽを振るクル。

「ほら、あげるよ」

と言って、おじさんがポケットからジャーキーを出した瞬間(しゅんかん)、

「待ってください」

俊はそう言うと、自分の足元の後ろにクルを寄せた。

「ありがたくは思いますが、それをあげないでください。うちではドッグフードをあげるとき、まず人間が味見をしてからあたえます。四日前、あなたからジャーキーをもらって食べたこの子は、おなかをこわして動物病院で診察を受けたんですよ。飼い主に断りもなく、食べ物をあたえるのはやめてください」

「かわいそうだよ。犬は欲しがっているのに……」

おじさんは、つぶやくように言って、その場を去った。


クルは、家の前で会ったとき声をかけてくれる近所の人が大好きだ。地面にへば

りつくようにふせをする〝ワンだっちゃポーズ〟のあとぴょんぴょん跳ね回り、さらに尻ダンスでしっぽは振り切れそうなほど幸せを表現する。

「クルはそんなに喜んでくれるの、かわいいわね」

主婦になでられて、クゥーンと鳴くクルを見ながら代仁は思うのだ。

（私が帰宅したときは、そんな感激ダンスは見せてくれないよね……）

クルは近所の猫とも親しくなりたがっていた。ベランダの格子から外をながめているとき、隣家の塀の上を歩いてくる猫を見ると、「ワン」と自分を知らせて尻尾を振り続ける。猫はちらりとクルを確認するが、まったく動じない。いつもマイペース。ゆっくり進んで塀のはしから下り、地回りに出かけてゆく。それを見送ってから首を引いたクルはベランダの床で横になった。

成長とともに、クルは散歩が大好きになっていった。代仁は何通りかの、だいたい決まったコースをたどる。わりと多いのは桜通広場やいちょう公園コース。遠出をしたいときは、もみの木公園か寺の森公園コースだ。

俊との散歩では自由に歩かせるせいか、クルはできるだけ遠くへ行こうとする。その日の午後は、いちょう公園を抜けて、寺の森公園まで足をのばした。少し疲れを感じた俊は、駅前でタクシーを止めた。

「犬も一緒ですが、いいですか？」

「どうぞ。ワンちゃん、具合が悪いんですか？」

「いいえ、散歩です」

「お客さん、タクシーに乗って、散歩になるんですか」

運転手は笑って、しばし自分の飼い猫の話をする。

俊とクルは、こんなタクシー散歩を何度かくり返していた。

ある日、散歩から帰って、俊は代仁に何気なくこう言った。

「今日は、寺の森公園まで行ったから、帰りはタクシーに乗ってきたよ」

「えぇっ！」

代仁は驚いたあと、あきれたようにこぼす。

「私と散歩しているとき、たまたまタクシーが止まっていると、クルもそこで止まるのよ。乗客が降りたあとは、まだドアが開いているタクシーに乗りこもうとするし。

どうしてなのか不思議だったけど、原因はあなただったのね。そういう無意味なぜいたくはやめてください」

代仁との散歩でもクルがそんなことをしているとは、俊は初めて知った。俊との散歩では、「もう帰ろう」と言っても二、三回クルはダダをこねる。それは、遠くまで行けばタクシーに乗れると学習したからかもしれない。

階段に腰（こし）かけた俊は、台所で水を飲み終わったクルを呼んで、お座りをさせ、小さな声で言った。

「クル、もうこれからは、タクシーに乗らないよ。いいね」

その年も、クルの狂犬病予防接種の春がやってきた。よく晴れた四月の木曜日午後。代仁と俊は家を出る。いつものようにクルはルンルン気分である。クルは三人で出かける散歩が大好きなのだ。前を歩きながらときどき後ろを振り返っては尻尾をふりふり。口をあけて笑っている。

しかしクルは鋭い。大通りの四つ角に出ると、毎年決まってコンビニ前で急に止まり、歩こうとしない。リードを引くと、逆に家に帰ろうとする。

「クルはもう予防接種を察しているのね」

「しっ……」

クルは必死で抵抗する。代仁はリードを引いて、俊はタクシーを待つ。タクシーが止まってドアが開いた。

「犬も一緒ですが、いいですか？」

「どうぞ」

女性の運転手は振り向いてほほえんでくれた。散歩の帰りなら喜んで飛び乗るクルだが、前足に力を入れて乗車拒否。しかたなく俊が抱いて乗り込んだ。クルは震えている。動物病院に近づくにつれて鳴いている。

「ごめんね、クル、ちょっとチックンするだけだから」と言い聞かせても、悲しげに代仁のひざにすがりついていた。その「ちょっとチックン」が、犬たちにとっては恐怖なのである。

動物病院に到着。建物の前では、若い女性の飼い主に逆らって座り込み、決して動かない決意の小さなマルチーズがいた。犬たちの思いは同じ。飼い主も互いに苦笑して会釈する。

クルを抱いた俊と代仁は先に進む。玄関のガラスドアからはキャンキャン鳴く声がもれている。待合室では黒い子犬が帰ろうとしてもがき、薄茶色の大型犬は飼い主の足元で震えていた。クルの目を手でふさごうとするが効果はない。仲間とともにクルもおびえていた。

やっとクルの接種が終了した。会計を待つあいだも、一刻も早く帰ろうとしてリードを引っぱるクル。外に出てすぐタクシーに乗り、家から五〇〇メートルほど手前で降りた。

帰宅するとクルは甘えん坊になり、ごはんを代仁にせがんでいる。スプーン一杯の納豆と鶏肉入りのおじやごはんをもりもり食べた。

一年で一番気の重い行事がこれで終わった。

茶トラの子猫がやってきた

クルが九歳になる年の十一月十九日、雲ひとつない秋晴れの水曜日のことだった。仕事先で午前の業務を終えた俊が、デスクに戻って携帯電話を確認すると、代仁からメールが届いていた。

『今、うちに子猫がいるの。茶トラだよ。台所にも、二階の部屋にもオシッコしたけど、すごくかわいい――』

メールによると、きのう代仁の友だちが、埼玉県の公園に捨てられていたところを保護したらしい。カラスに襲われそうになりながら、ダンボール箱から懸命に鳴いて助けを求めるチビ猫。その必死な姿を見過ごせなかった友だちは、里親を探す決意を固めて子猫を保護してきたという。「里親が見つかるまで預かってほしい」と言って、朝九時半ごろ、代仁のところに届けにきたのだった。

俊はすぐに返信した。

『クルとケンカしないように、十分注意してほしい』

ひらめく予感に、俊は困ったな……と感じた。代仁は「子猫は私が飼う」と言いだしかねない。いや、きっとそういう流れになるだろう。

けれど俊には、「自分は猫を飼ってはいけない」と誓った過去がある。小学生のとき、家で猫のタマと犬のポチを飼っていた。しかし俊が、大好きだったタマだけをかわいがっていたために、ヤキモチをやいたポチがかみついて、タマは死んでしまったのだ。兄から、「原因は、俊のかたよった愛情にある。おまえにポチを叱る資格はない」と言われた。取り返しのつかないことをしてしまい、タマのお墓の前で泣き続ける日々……。兄に言われた言葉以外、家族の誰からも責められることはなかった。それだけに、苦しい孤独の中で、自分で自分に罰をあたえなければならないと思うようになった。

猫を飼いたいという気持ちは、今でも常にある。それほど猫が好きだからこそ、小学五年生の冬、俊は自分への罰として、これからの人生で「猫を飼ってはいけない」

と決意したのだ。

この思い出話は数年前、代仁に話したことがある。彼女は神妙な表情で聞いていた。けれど今、子猫をあやしながら、きっとうれしくて興奮しているであろう代仁に対して、俊の「誓い」はなんの力もないだろう。どう言って説得したらいいのか……。無力感を抱いて、俊は午後の仕事についた。

二時間くらいたって、次のメールが着信する。

『体重は四百グラムくらいしかないけど、とても元気です。クルもこの子が気に入ったらしく、一緒に仲良く遊んでいます』

一番心配していたクルの様子については、だいじょうぶそうなので、俊はひと安心だった。

そのころ、クルに頭や背中をなめられて心地よさそうに手足を伸ばしている小さな捨て猫をながめながら、代仁は今と同じような出来事を思い出していた。

あれは代仁がまだ中学一年生だった年の十二月二十五日夜のことだ。代仁とは声をかけ合う近所の小学生の男の子が、子犬を抱いて訪ねてきた。

「どうしたの？」

代仁が聞くと、痩せた男の子は、不安な表情で瞳を潤ませながら、子犬を一度抱き直した。

「今日、この犬を拾って家に帰ったら、お母さんに、うちでは飼えないから、元の場所に捨ててきなさいって言われたの……」

顔を上げた男の子のほほに涙がひとしずく流れた。

「一人じゃできないから、一緒に行ってくれない？」

「えっ、ちょっと待ってよ……」

全身白い毛並みの、頭と足が泥で汚れている子犬に目を奪われた代仁。

――捨てるなんて、できない。

代仁は、反対されるだろうと思うがゆえに、母に言った。

「お母さん、あのときの約束、覚えている？　この子があのときのごほうびよ」

いつも何事につけ、まず「ダメ」と言う母は絶句した。

その約束というのは約十カ月前、代仁が私立中学に合格した二月上旬のことで、母は上機嫌（じょうきげん）にこう言ったのだ。

「代仁ちゃん、よかったね。ホントによくがんばったわ。ごほうびに、なんでも好きなものを買ってあげる。何か欲しいものある？」

このとき、とくに思い浮かばなかった代仁は、「今は思いつかないから、保留にしといて」と答えた。

〝保留のごほうび〟を、思いもよらず今になって「子犬」と指定された母の沈黙（ちんもく）。犬を飼うことだけはダメ、と言われることをおそれた代仁は、今日は特別の日であることを意識して、母が何か言いだす前に、わざと強い言葉を発した。

「お母さん、今日は十二月二十五日よ。クリスマスの夜に、かわいそうな子犬を殺せないでしょう⁉」

根拠を示した主張に自信を持った代仁は、心をこめて母にたたみかける。

「この子が、あの日の約束のごほうびよ。いいでしょう？」

母の硬（かた）い表情がふっとやわらいで、あきらめの色に変わった。

「いいわ。しっかりかわいがって育てましょう」

玄関ホールに立ちつくしたまま、二人のやり取りを見ていた男の子は、安堵(あんど)の笑みを浮かべた。

「ありがとうございます。お願いします！」

白い子犬は「ミク」と名付けられた。

犬があまり好きではなかったおばあちゃんは、後日こぼした。

「あのとき子犬を見て、こんなことになるんじゃないかと思ったのよ」

けれど、おばあちゃんはいつもミクの食事を作ってくれた。母も、ためらいの沈黙がうそのように、ミクの散歩にも協力的で、ミクは二十年を生きたのだった。


今、代仁の目の前で、安心したようにクルとじゃれ合う小さな茶トラ猫。代仁の心には、子猫を手放す選択肢(せんたくし)などなくなっていた。

俊の予感が的中したのは、夕方五時ごろだった。代仁からの三通目のメールだ。

『私はもう、この子と離(はな)れられません。この子を飼うことに決めた。友だちにもそう伝えます』

これはもう「家に帰ってから里親を探すからと代仁を説得する」段階ではない。考えてみれば、子供時代の独り善がりな「罰」を引きずってきた。しかしタマは「俊とポチの散歩」をうらめしく思っていても、「猫を飼うな」と願っていたわけではないだろう。俊は、自分の誓いを破る決意を固めた。このとき正直に自省すれば、俊もまた引き取りたいとひそかに願っていた。課題はひとつ。『クルと仲良く育てる』ことである。タマのお墓まいりとポチの散歩を思い出しながら、俊は目をつむって心の中でタマに祈った。

――タマ、ぼくはあの誓いを破って、子猫を飼うことになる。めぐり会ってしまった子猫を助けたい。子猫の命は必ず守るから。

午後六時半ごろに帰宅した俊は、子猫が外に飛び出さないように、まずは玄関のドアを少しだけそっと開けた。隙間から中をのぞくが、子猫の姿はないようだ。家に入ると代仁が声をかけた。

「お帰りなさい。居間のドアを閉めてあるからだいじょうぶよ」

居間に入り、床にカバンを置くと、クルがぴょんぴょんはねて迎えてくれた。

「クル、ただいま」

子猫が追いかけてきてクルにまとわりつく。俊はじっくりと観察した。かわいい。手のひらにのってしまうほどに小さい。クルよりも明るい色の茶トラだ。

「代仁、この子たちを飼うにあたって、話がある。そこに座って」

「はい」

「ぼくが前に言った、自分は猫を飼ってはいけないという誓いを立てた話を覚えている？」

「うん、覚えているわよ。それで、この子の名前、何がいいか相談しようと思って待っていたの。男の子だから、クルの弟になるんだよ」

座ったまま、目は子猫を追い続ける代仁を見て、俊は本題に入ることにした。

「これからのぼくたち四人の生活について、きちんと守るべきことを確認したいから、よく聞いて」

代仁はやっと顔を上げて俊を見た。

クルは自分のハウスに入り、そのあとを追って、子猫もクルのハウスにもぐりこんだ。

「犬と猫の性格はまったく違う。犬は家族内での順位を意識する。四人の中で、猫は一番あとに来たんだから、クルから見れば自分より下位だ。このクルの意識にそって、ぼくらの接し方を決めておかなければならない」

ひと呼吸置いて、俊は続ける。

「たとえば、家に帰ってきたとき、最初にクルに『ただいま』のあいさつをして、次が猫だ。外出のときも同じ。クルに先に『行ってきます』を言う。平等にかわいがることは当然だし、食事時間も同時でいいと思うけど、あいさつなどはクルを優先する。これを絶対に守り続けることにしよう」

「うん、わかった」

そう言って代仁はクルのハウスの前に座った。クルは猫の頭や背中をなめている。代仁はおだやかに語りかけた。

「クル、猫はちっちゃいけど、食べたらダメよ。おまえの大切な弟だからね」

犬と猫の絆、家族の暮らし

この日、代仁は子猫に「キク」と名付けた。キクの誕生日をいつにするか。

「たぶん、生後三、四週間くらいだろうって、友だちは言っていたわ」

クルの誕生日が十二月十四日なので、月は違っても十四日を意識して、十月十四日に決めた。

キクは動物病院で健康診断を受け、生後六カ月くらいになったら去勢手術を受けることになった。食欲もある。

キクは捨てられたあと、初めて出会ったクルを母親のように思っているのだろうか。クルのあとをついて回ることが多かった。

猫はせまい場所が好きである。夜行性の猫は半径五〇〇メートルくらいのテリトリーを持ち、マーキングする。単独行動が特徴といわれるが、室内で飼うキクはクルに寄り添う生活であった。また、反応が素早い。暗くせまいところを平気で歩く。小さいダンボール箱や紙袋によくもぐりこむ。ボールを投げると、飛び出して追いかける。散歩が大好きなクルだが、キクが来た日から、散歩に出る回数が極端に減った。トイレに行きたいときはいつも、玄関ドアの前でお座りして待ち続け、俊や代仁が気づかないでいると、クーンと小さく鳴いて知らせる。

キクが来て翌日の朝、俊は玄関でワンと鳴いたクルを連れて散歩に出た。けれど、駆けるようにしてリードをぐいぐい引っ張るクルは、家の西側の道路の草むらで十秒ほどオシッコをすると、大急ぎで家に戻ってしまった。わずか一、二分。こんな散歩は初めてだった。

「クル、こんなに短い散歩でいいの？」

玄関ホールでそわそわしながら足を拭いてもらったクルは、急いでキクのもとへ駆けていき、じゃれ合っている。キクが眠っていれば、ジッと観察しているか、キクの毛並みをベトベトになるまでなめる。

そんなことが続いて、代仁も笑いながら言った。

「キクちゃんが来てから、クルの散歩がすごく楽になったわ」

クル本来の、一時間から二時間の散歩に戻るのは、キクが来て一週間くらいが過ぎてからのことであった。

十一月二十七日の昼、代仁と散歩に出たクルは、あじさい北公園コースを選んで南へ向かう。ようやく長距離(ちょうきょり)散歩の気分になったのかと、代仁はほほえましく感じていた。カルガモを見ていこうと川ぞいの道を歩いていると、淡(あわ)いピンク色のめずらしい花が咲(さ)いていた。晩秋に入ったのに暖かな日和(ひより)が続いているせいか、夏の花ヒルガオも〝こんにちは〟の表情で迎えてくれる。季節はずれに咲いた花の素直さが、クルの性格みたいでかわいいと思いながら、代仁はフサフサ揺れる三色しっぽと並んで歩いていくのだった。

クルと同じように、キクもトイレを一回で覚えた。猫はもともときれい好きの動物だから、初日に台所とベランダに面した部屋でオシッコマーキングをした以外は、ちゃんと自分のトイレを使っている。

行方不明になったり、交通事故にあったりしないように、室内で育てるキクはクルと同じようにベランダが好きになった。ふたり並んで格子のあいだから顔をのぞかせ、外の様子をいつまでもながめている。何がおもしろいのか、なぜ飽きないのか、俊と代仁には不思議に思えた。近所の家の人が二階から、「クルちゃん、キクちゃん」と呼びかけると、クルはしっぽを振りまくる。キクはとくに反応なし。

ミルクで成長したキクも、少しずつやわらかいキャットフードなどを食べるようになり、キク専用の器も置いた。クルと並んで食べるようになる。キクのハウスとベッドも用意した。

代仁がクルのごはんを作り始めると、そのにおいを感じて、クルはいつも自分の器の前にお座りして待っている。代仁は「待て」と言って器にごはんを入れる。そして「お手」。クルがお手をすると「どうぞ」。

クルは食欲旺盛で頼もしい。となりでキクも、ちっちゃな口でもぐもぐ食べている。

キクは、三分の一くらい食べたところで、居間の自分のベッドに戻っていった。クルは食べ終わると、キクの器にまだ半分以上ごはんが残っているのを見て、そわそわしながら「クーン」と鳴いた。代仁はクルの気持ちを察して、静かに言う。

「それは、キクちゃんのごはんよ」

けれど、クルはよく理解できなかったのだろう。少しとまどっていたが、あっというまにペロリと食べてしまったのだ。

「クル待て！　お座り！」

驚いた代仁は強く言った。

「この器はキクちゃんのよ。クルのごはんは、こっち。キクちゃんはまだ小さいから一度に食べきれないの。少しずつ、あとでまた食べに来るの。残したからといって、もういらないというわけではないのよ。わかった？」

器を指でさしながら、もう一度言う。

「クルのごはんは、こっち。これはキクちゃんのごはん。これは、クルは食べてはいけません。わかりましたか？」

クルはこれ以降、キクのごはんに口をつけることはなかった。

クルがまだ二階で眠っていたある朝のこと。先に目覚めたキクが階段を下りてきたとき、代仁はクルとキクのごはんの準備をしていた。キクは代仁の様子を見て、まだ空の器をくんくん嗅いだりしている。そのあと、キクは二階に駆け上がっていった。それから二分ほどすると、連れ立って階段を下りてきて、それぞれの器の前に行儀よくお座りするではないか。

代仁はちょうどできあがったごはんを冷ましながら、ふたりの前にひざをついて言った。

「キクちゃんは、『ごはんの時間だよ。お母さんがごはんを作っているよ』って、クルお姉ちゃんを起こして、連れてきてくれたの？　えらーい！　なんてお利口さんなんでしょう！」

キクとクルは並んで食べている。その様子を見守りながら、代仁は思った。人間の言葉はしゃべれない犬と猫だけれど、動物同士、そして動物と人間とのあいだにも、きちんとコミュニケーションは成り立っているのだ。

代仁が家族四人の深い絆を実感した朝であった。

犬と人間の関係について、ＮＨＫのドキュメンタリー番組によると、ハンガリーのエトヴェシュ・ローランド大学で行われた「人間の声を聞かせ、犬の脳を調べる実験」では、犬の脳の聴覚野（音の情報を処理する領域）には、人間の喜怒哀楽を読み取る力があることがわかった。

犬の研究の世界的権威、麻布大学の菊水健史教授が、アメリカの科学雑誌「サイエンス」（二〇一五年）に寄せた論文によれば、犬と人間が見つめ合うとき、両者には〝愛情ホルモン〟といわれるオキシトシンが分泌されて、絆をつなぐ関係性があるという。猫と人間との関係でも、飼い主は同じような絆を信じているのではないだろうか。

ある朝、クルとキクの食事が終わり、ふたりが連れ立って二階に上がったあと、食器を洗おうとしたときである。

「エーッ」

驚いて代仁は声を上げた。キクの器にだけ、マグロの刺身が残っているではないか。マグロが嫌いなはずはない。先日の大間のマグロはキクもおいしそうに食べたのだ。

「まさか……」

つぶやいた代仁は、試しに後日、ふたりの器に高い価格の大間のマグロと安いメバチマグロを少しずつ入れて様子を観察した。するとキクは、大間のマグロだけを食して、安いメバチマグロはにおいを嗅いだが、フンという感じで残した。

「キクは高級マグロしか食べない」

その日、夜の食卓に並ぶ刺身のお皿には、キクにだけ高級マグロ、代仁と俊、クルにはメバチマグロがのせられた。

食いしん坊のクルは人間の食事中、好物の肉や魚があると、代仁の足元に座りこんで待ち続けている。ときには「早くちょうだい」と代仁のすねを前足でトントンついて催促（さいそく）するのだ。俊一人の食事中は、終わるまでじっとお座りして、ダダをこねることはなかった。

キクは不思議である。人間の食事に無関心だった。たとえば食卓に焼き魚があるとき、少しつまんでにおいをかがせてみても、食べようとはしなかった。人間の食卓にあるものは、人が不在のあいだも、クルとキクは決して口をつけなかった。

成長とともに、クルよりもキクのほうが活発でわんぱくなことがわかってきた。キクは一歳くらいまではクルに甘えてあとを追いかけ、すりすりしていた。二歳を過ぎると、ときにはクルに軽く猫パンチをするようになった。ガウガウ遊びも楽しそうだ。お互いに背中や肩あたりをかみかみし合ってガウガウもつれ合うのだ。痛がる様子はないが、代仁が一応、キクとクルの体を調べると、やはり本気でかんではいないことがわかった。

クルが自分のハウスで寝ているとき、キクが無理やりもぐりこむことがある。かなりせま苦しい。びっくりしているクルに、キクは遠慮なく自分の体をねじりこむのだ。クルは迷惑そうにも見えるが、ハウスの外に出ようとはしない。ジッとがまんしている。そのうちにクルとキクの毛並みはくっついて、ひとつになったように眠る。

ある真夏の午後三時半。さっきまでぐっすり眠っていたクルが、むっくりと起き上がると、隣にいたキクが不満そうに「ニャー」と鳴いた。

もっと一緒に寝ていたい様子のキクを置いて、クルはゆっくりと玄関に向かう。

柱時計を見た代仁は、うらめしそうな表情でクルを見る。

「クル、こんな時間に散歩なの？」

けれど、クルが玄関に立ったら散歩に付き合うしかない代仁は、散歩バッグとペットボトルを手にして玄関で靴をはいた。クルはうれしそうにしっぽを振っている。

玄関ドアを開けると、ムッとする熱気が玄関ホールに入りこんできた。真夏の散歩は、真冬よりつらい。人間は日傘をさすか帽子をかぶればなんとかしのげるが、素足で歩く犬はそうはいかないのだ。

日中の太陽に照りつけられたアスファルトは、煮こんだ鍋のように熱い。靴をはいている人間はそれを実感できないので、代仁はいつも素手でアスファルトを触ってみることにしている。この日も地面は熱々だった。こんなとき、そのまま犬を歩かせば、犬はまるでダンスをしているような状態になる。

クルを玄関の内側に置いたまま、代仁は玄関前にある自転車を出した。サドルもすっかり温まっている。前のカゴにタオルを敷いて、内側をダンボール紙で囲む。

「今日はもみの木公園まで行くよ」
　クルを前カゴに乗せ、公園まで行ってから、土の地面にクルを降ろしてあげるのだ。もみの木公園は家から遠いけれど、公園のはずれの林の中は、日が遮られているので真夏でもわりと涼しい。クルの大好きな場所のひとつでもある。

　林の中では、冬はほとんど人と会うことはないが、この日は中年女性に連れられたラブラドールレトリバーが、荒い息を吐きながら元気良く駆けていた。他にも、老犬らしいブルドッグを抱いた若い女性が、代仁に会釈してから足元に愛犬を下ろして、しばらく遊ばせていた。この日、林の中をたくさん歩き回ったふたりが帰宅して、キクに玄関で出迎えられたのは、午後五時少し前であった。

　明日、クルとキクは留守番の日だ。俊と代仁は仕事で外出する。捨てられた犬の最大弱点は孤独。「また捨てられるのか」と思わせないために、代仁はクルが来た翌日から毎日「お留守番学習」を行った。最初は一分間から始めて二分間、五分間、三十分間、一時間、三時間、半日、一日と増やす。十分間の日にセットしたテープレコーダーを聞くとクルは約二分間泣いて静かになった。今はキクもいて安心である。

キクの脱走

飼い主が留守のあいだに、元気のいい犬や猫はやんちゃに遊び回ることがあるという。飼い主が帰ってくると、おもちゃ箱はひっくり返り、ティッシュペーパーなどが散乱。しまっておいたペットフードの袋も食い破って食べたりするらしい。

クルとキクはどうだろうか？　クルについては、代仁がときどきアドバイスを受けていた犬の訓練士は、桜通広場で遊ぶクルの様子を見て言った。

「クルはかしこい子だね」

たしかに、飼い主の目から控（ひか）えめに見ても、クルは良い子だと俊も代仁も思う。よその犬と比べて、おとなしいほうだ。もちろん、仲良しの犬がやってくれば、走り寄り、互いの鼻を近づけてあいさつしたあと、ピョンピョン飛び回って遊ぶ。

人間と犬は、人間から犬への簡単な指示や命令、犬からの食事・遊び・散歩などの要求の仕草以外は、複雑な言葉のコミュニケーションは無理であろう。しかし、代仁と俊は、理解できないだろうとは思いつつ、いつもクルとキクにかなりくわしい話をしている。

たとえば――。

「クル、キク、お母さんはね、ばあばの会社のお手伝いで、今から渋谷の丸玉屋に行きます。帰りは夕方になるけど、ふたりともいい子で仲良く待っててね。インターホンのピンポーンが鳴っても、たぶんセールスマン、こわい人じゃないから、心配しなくていいのよ。じゃあ、行ってくるね。バイバイね」

こんなふうに、さまざまな場面で、とくにクルをお座りさせて説明し、頭をなでてさとし、抱きしめながら話をした。

はたしてクルは飼い主が留守のとき、家の中でどのくらい遊び回るのか、楽しみに帰宅することがあった。

けれどいつも、あっけなかった。すべて元のまま。ちょっとしたいたずらをした気配すらない。クルの前足が簡単に届くケージに引っかけてある、おやつ用のドッグフードも無事だった。

キクが高く飛び上がれるようになってくると、留守時のキクの様子も気になった。

「キクちゃん、ここのケージにかけてあるキャットフードは食べないでね。おなかがすいたら、台所のキクのお皿のごはんを食べなさい。わかったわね。じゃあ行ってきます。ふたりともいい子で、クル、お留守番、頼(たの)みますね」

代仁が夕方帰宅すると、元気よく飛び出して出迎えるクルとキク。だが、キクもまた、ティッシュ一枚すら散らかしていなかった。

飼い主の留守に、クルとキクはどんな会話をしているのか、二人は興味深く想像する。

代仁は、クルとキクのハイレベルなコミュニケーションを固く信じている。

「キクがいい子なのは〝クル仕込(じこ)み〟だからよ。きっとキクは、キャットフードをねらって、おしりをモジモジさせていただろうけど、そのたびにクルがストップをかけて、なだめて、指導して、キクをいい子に育ててきたんだわ」

そんなある日の午前、キクが家のどこにもいないことに気づいた代仁が、一五センチほど開いている玄関ドアを見て青ざめる。キクが脱走したのだ。外に出て必死に呼ぶ。

「キクちゃん、どこにいるの⁉　返事をして！　戻ってきて！」

くり返し声をかけながら家の周りを歩き、耳をすましても、猫の鳴き声は聞こえない。しかし、外に出ることに慣れていない猫が遠くへ行くはずはない、と思い、もう一度、家の周りを探してみると、キクがいた。北側の家の壁と庭の塀のあいだの奥で、ふせの姿勢でこちらをじっと見ている。両眼がまん丸だ。

「キク、おいで。早く来て！」

少しも動かず、鳴きもしない。

代仁は家から急いで猫じゃらしを持ってきて、くるくる回しながら呼んでみた。キクはおしりをムズムズさせて、猫じゃらしをねらっている。代仁は祈る思いで振り続け、ポーンと少し飛ばす。その瞬間、ついにキクは飛び出してきた。

猫じゃらしにかみついたキクを、やっとつかまえて家に連れ帰った。

キクの脱走はこの一回きりだった。外に出たがって玄関ドアの前で鳴くことは何度かあり、そのたびに外へ出したが、門扉は閉めたまま。すると、門扉の下からじっと道路を見て、興味しんしん。たまたま現れた近所の猫とご対面して、見つめ合うこともあった。にらめっこはいつもキクの負け。まったく動じない先輩猫に対して、「フーッ!」と一声鳴いて、家にすばやく退散するのだ。猫は、室内で飼っていると外に出るのがこわくなるという。キクはそんな様子であった。

ある日の午後、俊が休憩をとるために書斎を出ると、代仁は二階のベランダがある部屋で洗濯物をたたんでいた。階下に下りると、クルとキクは居間のそれぞれのベッドで眠っている。起こさないようにイヤホンをセットしてからテレビをつけた。

しばらくするとキクの様子が気になる。もぞもぞ足を動かしているが、起きてはいない。キクは「フー」とうなるような声を出した。そのうちに足をそろえてくり返し突き出している。動きは鈍い。ゆるやかだが、明らかに蹴っているしぐさだ。

俊は思い出した。かつて眠っていたクルが突然「ワン」と小さく吠えて起き上がり、ウロウロしていた。夢の中でなにかに怒ったクルが目覚めて、現実との境に迷い込んだ瞬間だったのだ。

キクは今、夢を見ているに違いない。じゃれている夢ならいいが、いじわるされたり不快な場面なら起こしてあげるほうがいいのだろうか、起こさないほうがいいのだろうか……。そのうちにキクは、足を一回伸ばした後まるくなった。そっと顔に近づくと静かな息遣い。スヤスヤと小さな寝息をたてている。

二階から下りてきた代仁に小声で様子を伝えると、

「夢の中で、きっと私にまとわりついて私の足を蹴っていたんだわ。ときどきキクはそんなことをするのよ」

二人の物音に気付いて起きたクルのあと、キクも目を開けて首を伸ばした。俊はキクの顔に近づいて背中を撫でた。

「今、夢を見ていただろう?　どんな夢だったの?」

「ニャン」

かぼそく鳴いたキクは俊の手にゆるやかな猫パンチをくれた。

クルとキクにはいつも楽しい夢を見てもらいたい。登場人物や場面は違っても、夢は現実生活の喜怒哀楽を反映する。毎日楽しく過ごすことを心がけようと思いながら、俊の脳裏に地震の夜がよみがえる。震度4くらいになると揺れは体感と家に及ぶ。クルには声かけでよいが、キクは狭い場所にもぐりこんで震えていた。過日のように、騒ぐ代仁を静めてクルには「大丈夫」と言い、キクは抱きしめてあげるしかないなと俊は思った。

ある年の冬に入ってから、東京はすでに何度か雪にみまわれていた。

南海に発生した低気圧が日本列島の太平洋側を横断していたこの日の夕刻、テレビの天気予報を聞きながら、代仁はゆううつになっていた。天気予報士が、「低気圧は八丈島付近を通過する可能性が高く、寒気団とともに東京にも雪を降らせるかもしれません」と言ったからである。

代仁は雪が嫌いだ。子どものころ、そして大人になってからも、何度か滑ってころんで痛い思いをしたからだ。雪が降るといつも、ベランダと、家から数メートルの範囲を積極的に雪かきする。出かけるときは、たとえ遠回りでも雪かきがされている道を選んで歩く。

「だけど、雪を喜ぶ子もいるんだよね」

そう言ってコタツ布団をめくると、からだを寄せ合っているクルとキクが、そろって頭を上げた。

「今夜もまた、雪が降るかもしれないよ」

クルは雪が大好きだ。キクはといえば、クルについて回るが、雪の冷たさに閉口して、いち早く家に戻ってくる。

翌朝、二階のカーテンを開けると、どこも白い屋根。家の前も真綿の十字路に変わっていた。代仁が、起きたクルとキクを呼んで、ベランダの窓を開ける。クルは飛び出し、キクもあとを追う。雪に突っこんだクルが頭を上げると、鼻の上に雪団子をのせていた。その表情はずっと見ていても飽きない。

キクはクルのしっぽに猫パンチをしながらころがっていたが、まもなく、四本の足の肉球を前後片足ずつブルブルふるわせて部屋に戻った。

クルを部屋に呼び入れてから、代仁はさっそく、ベランダの雪を階下に落とし始めた。俊はまだ眠っている。やがて――。

「おはようございます」

「積もりましたね」

　十字路の雪かきは、近所の人も一人、二人と加わって、シャベルの音が響き渡る。目が覚めた俊も作業を始めた。四カ所に雪山ができるころ、雪道のまん中に細い通り道が現れた。

　この日の散歩でクルは、図書館公園のブランコ前でころがって遊び、カラス公園のベンチ横では代仁が集めた雪の中に頭をつっこんで楽しそうだ。

「クル、鼻の上にまた雪がのっているよ。おうちに帰ったら、キクちゃんとお父さんに見せてあげようね」

　鼻先の白い団子は小夏坂を下りるときに落ちて、家まで保つことはできなかった。

腎臓病と余命宣告

クルが歯石を取るために動物病院に行き、「腎臓病」という思わぬ診断をされたのは、十四歳の初秋、九月二十六日のことだ。

クルが初めて診察を受けた主治医が院長をつとめる動物病院は移転していたので、このときは別の動物病院に行った。

獣医からの宣告は、代仁には大きなショックだった。

「クルちゃんは、年内いっぱいまで命があるかわかりません」

代仁が最初に実家で飼った白い中型犬「ミク」は二十年を生きた。だからクルも二十年以上生きるのだと思いこんでいた代仁は、雷に打たれたような衝撃を受け、全身が震える。めまいに耐えながら、代仁は思う。

――余命があと三カ月なんて、信じたくない……。信じない！　私はずっとクルに支えられて生きてきたんだ。クルがいない人生なんて考えられない！

受付で会計をし、薬を受け取り、看護師から食べ物や生活などで注意しなければならない点を聞く。

この日から、クルの投薬と週一回の通院生活が始まる。代仁は、診察時の報告や獣医の質問にそなえて、毎日クルの生活状況を「記録」することにした。

もともとクルの主食は手作りだったが、体に抵抗力を付けるため、代仁はさらに本格的な食事療法を行うことにした。

翌日、九月二十七日。秋の訪れを告げる涼しい小雨の早朝。

クルは、ごはんをすぐに食べたいときは、クンクン鳴きながら自分の器の前でお座り、あるいはふせをする。かと思えば立ち上がって前足で代仁の足をトントン軽くたたく。そんな態度ですぐわかる。この日、代仁が俊の弁当を作っていると、いつのまにかクルが玄関前の廊下で、静かにふせの姿勢で待っていた。この様子は、「お母さんのお仕事が終わったら、散歩に連れてって。私は待ってるよ」という意思表示だ。

それから約三十分後の午前四時半、代仁はクルと玄関を出た。外はまだ真っ暗だが、クルの足取りは軽く、楽しそうだ。

代仁の「看護記録」によると、午前五時四十五分。帰宅してクルの食事。俊用に作ったおにぎり弁当の残り（鮭とおかかのごはん）に、前日動物病院でもらった薬（活性炭）を混ぜてあたえると、おいしそうにペロリと食べた。錠剤は蒸しパンにはさんであたえたが、パンだけ食べて薬は吐き出してしまった。もう一度やってみると、今度は薬も一緒に食べた。

次の食事は、千切りした野菜（白菜・レタス・ニンジン）とごはんを煮たおじやに、豚レバーひとかけを細かく切って入れる。クルに食欲があることは何よりうれしい。

夜は、仕事から帰宅した俊と散歩に出かけた。


余命宣告から二カ月半ほどが過ぎた十二月十四日。代仁の心は、はずんでいる。クルは午前五時四十五分に起きた。

「クル、おめでとう。今日はクルの十五歳の誕生日だよ。よくがんばったね。これからも元気でね」

クルがニコッと笑ったように思えたが、代仁の言葉を聞き終わる前に、すぐコタツにもぐりこんでしまった。

コタツで十五分ほど暖まったクルと代仁は、一時間ほどの朝の散歩に出かけた。前日の雨はやんでいたが、地面はぬれていたので、帰宅後、シャワーでクルの手足を洗う。食事のとき、代仁の手作りのシュークリーム少々に薬を一錠入れて食べさせた。そして、俊のビーフシチューをスプーン少々と、鶏(とり)ささみ肉のおじやをおいしそうに食べた。

「余命」の三カ月目を迎えていた。薬は飲み続けているが、クルは元気を失ってはいない。

代仁と俊は、キクと遊ぶクルの様子を見て、だいじょうぶだと安心する一方で、入道雲のように胸にわき上がってくる獣医の言葉は打ち消しがたく、不安をかかえたままの生活は続いた。

やがて迎えた新年、元旦。午前五時五十五分。代仁の体調がよくないので、俊がクルの散歩に行ってきたが、代仁はまだ腹痛をこらえながら二階の寝室で休んでいた。クルは俊に手足を拭いてもらって、すぐ二階に駆け上がる。代仁がベッドで目を開けると、まくらもとに前足をのせて心配そうに見つめるクルがいた。

「クル……」

どんな薬よりも良薬の小顔があった。いかなる名医のなぐさめよりも安心する。体調をくずしても、こんなにうれしい朝がある。

クルの動きにつられてやってきたキクが、横たわる代仁の布団の上にのり、ガリガリと掘る仕草をする。彼らはともに体重七キログラムほどの小さな命。クルは限りを宣告された灯火のような命だ。それなのに、心の底まで癒されて、代仁のまくらはぬれていった。

クル、十七歳の誕生日

クルが「余命約三カ月」と言われた秋から、約二年の歳月が流れた。

十二月十四日、クルはついに十七歳の誕生日を迎えた。一家は、「目指せセブンティーン」を合言葉に療養生活を乗り切ったのだ。

早朝、クルとキクは目覚めているが、それぞれまだ自分のベッドで横になっている。

「キクちゃんも喜んでね。クルお姉ちゃんは十七歳になったんだよ。お姉ちゃん、おめでとう！」

クルはこの朝、やっと下痢が止まって硬めのウンチが出た。朝の散歩のあと、代仁からあたえられたスプーン一杯の手作りシュークリームをおいしそうになめて、台所の水飲み場で水を飲み、少し元気になった様子である。

ところが、それから二時間ほどがたった午前八時ごろ、クルが突然、震えだした。

コタツに入るかと思ったら、玄関に向かうので、代仁は一緒に外に出た。庭で何回も下痢をする。シャワーでおしりを洗い、休ませて整腸剤を飲ませた。

自分のベッドで眠りについたクルは、午後になって起き上がったが、くるくると落ち着きなく動き回っている。そのうちにキクのベッドにすり寄って、キクと一緒に丸くなって寝た。代仁はそんなクルの様子を、仕事に行っている俊にメールで知らせた。

翌十二月十五日も少し下痢をした。整腸剤と水を飲ませる。午後、クルに介護用ベストを着させて桜通広場へ散歩に行く。売店には以前、クルが大好きなヨークシャーテリアがいたが、亡くなってからしばらくたつ。けれどクルは今でもときどき売店を目指すのだ。

「まあ、クル。ひさしぶりね。病気なのに、会いに来てくれたのね？　うれしいわ、ありがとう」

そう言って、涙もろい売店の店主は目頭を押さえている。

飼犬を失って店主は力を落としているのに、クルへの優しい心遣いがありがたく、代仁は買い求めた缶牛乳を受け取りながら、ありし日の小さなヨークシャーテリア犬を思い浮かべた。

「クルはなんとかがんばっています。またごあいさつできるように、これからもがんばります」

散歩から帰宅後、午後六時半、代仁はクルにやわらかいプリンを少しあたえてみたが、ほんの少しなめただけだった。

眠りについたクルは、午後九時半ごろ、また玄関に立った。外に出て下痢をした。おしりを洗い、ドライヤーをかけてから、歯をみがき、体のブラッシングをすると、たくさん毛が抜けた。代仁は、細くなったクルの足がさらに細くなったように感じた。


十二月十六日。効き目があった整腸剤を飲ませ続けているが、今日のクルは、ウンチのとき、長い時間ウンチングスタイルのまま渋(しぶ)っていた。細い後ろ足をくの字に曲げて体を支え続ける姿勢がつらいのだろう。立ち上がって二、三回まわって、またウンチングスタイル。それをくり返すことが多くなった。嘔吐(おうと)もする。水を飲む量が少なくなった。薬を飲ませるとき、いやがって口を閉じてしまう。スポイトで水をあたえる。

代仁には、クルの生きる時間が刻々と削られていくように思えてしまう。

――クル、おまえはひとりで旅立つ準備をしているの？　私たちに気をつかって、下の世話も決してさせようとはしない。外に出かけなくても、おむつに垂れ流してくれれば、いつでも私がきれいにしてあげるのに。よろめいて玄関ドアにぶつかっても、トイレのために外に出ようとする。クルは、いつもそう。なんでも自分ひとりでできてしまう。私は、おまえのあとをついていくだけ。……神様、どうか、もう少し待ってください。私の心はまだ、別れの準備ができていません……。

十二月十七日、晴れ。深夜の空気は氷のように冷たいが、風はない。散歩が大好きなクル。晴れの日は、クルの体調さえ良ければ、クルの好きなコースで何度でも散歩に付き合おうと、代仁は決めていた。

「キクちゃん、クルお姉ちゃんとお散歩に行ってくるから、お留守番を頼みますね」

家の北側の路地から小夏坂を上がって大通りに出ると、郵便局に向かう道を歩いた。

クルの足取りはしっかりしている。いつもより体調は良さそうだ。クルは今まで通ったことのない路地に入る。トコトコ進みながら、ときどき後ろを向いては代仁を見る。

「クル、どこでも歩きたい道を自由に歩いていいよ。右へ行く？　左に行く？」

思えば、「年内いっぱいまで命があるかわからない」と獣医に宣告された日から、約二年三カ月が過ぎていた。

ふさふさのしっぽを揺らしながら歩く、見慣れたクルの後ろ姿。

――がんばってきたんだね。頼もしい十七歳のクル。ありがとう、クル。

そう思うと、代仁は胸に熱いものがこみ上げ、苦しくなった。荒くなる呼吸をクルにさとられないように、口をギュッと結ぶけれど、クルはぴたっと止まって振り返り、代仁を見る。

「どうしたの、クル。私はなんでもない。なんでもないの。次はどこへいくの？　カラス公園？　いいよ」

カラス公園は、ときどきクルをからかってくるカラスの縄張りである。ベンチ前でクルが休んでいると、電線に止まって鳴いたカラスが急降下。クルの頭上四〇センチメートルくらいのコースを低空飛行して舞い上がり、電線に戻っていく。挑発に乗ってクルが吠えると、カラスはもう一度急降下して周回飛行。クルのジャンプ高度を心得ているカラスは必ず自分の安全コースを守っている。「ワン」と鳴くクルはしっぽを振ってはいない。怒っているようにも見えない。クルはいつも、おまえなんか知らないよ、という感じで公園を去るのだった。

でも深夜のこのとき、カラスはいなかった。

この日の散歩はたっぷり二時間。家の近くの駐車場まで戻ってきたとき、俊が自転車に乗って近づいてきた。

「だいじょうぶ？　どこにいたの？　なかなか戻らないから、途中(とちゅう)でどちらかが倒(たお)れたんじゃないかと思って探していたんだよ」

俊はいちょう公園からあじさい北公園、もみの木公園あたりを自転車で走り回っていたと言う。クルはうれしそうに俊の足元でしっぽを振っていた。

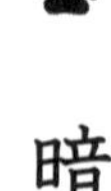

暗い予感

十二月十九日の夜。クルは、スポイトで与える水を飲むが何も食べなかった。食事をしなくなってから三日たつ。食べようとする気配もない。飲む水の量も、オシッコの量も減っている。もともと全体的には黒っぽい毛並みだったのに、最近はとくに顔のあたりが白っぽい。左下の前歯はグラグラして取れそうだ。触ろうとするとクルはいやがる。代仁もこわくて触ることができなかった。

肉じゃがの牛肉のかけらを手のひらにのせて、クルの口に近づけてみるが、においを嗅いで口を動かすだけ。なめたり、口に入れようとはしなかった。

眠っているクルの口から、汚れたよだれが出ている。血が混じっているのだろうか。

キクをだっこしている俊が言った。

「今年もクルは十二月十四日の誕生日を過ぎたから、年を越して、正月を迎えられるよ、きっと」

代仁は黙ったまま思う。

――それは、無理かもしれない……。

毎日、早朝または深夜も、つきっきりでクルに寄りそってきた代仁の二年間。代仁が見続けたクルの震え。嘔吐した胃液。状態が少し落ち着いたかと思うと、くり返す咳きこみ。一日に何回も、つらそうに力んで出す下痢便。食欲があっても食べられないのではなく、食欲そのものがなくなっている。七キログラムあった体重は三キロ以上減って、今は四キロほどしかない。

クリスマス、あるいはもっと早く、別れの日が迫っているような予感。ロウソクの明かりのようなあやうい命を吹き消す冬の風に、代仁はおびえていた。

クルが発作を起こしたのは、それから二日後の十二月二十一日だった。

深夜の午前0時十分。クルが突然、天井を見上げ、大きく口を開けて苦しそうにする。俊が両手をそえて声をかけると、安心したのか眠りについた。

しかし、二時間後にまたひきつけを起こしてけいれん。代仁がだっこして全身をさする。しばらくすると、クーン、クーンと鳴き始め、次第に大きくワンワンと鳴く。そして静かになった。口元のタオルがかなり汚れているので取りかえる。このあとも二、三時間置きに発作を起こして、夜が明けた。

午前九時四十五分ごろ、手足をばたつかせ、そり返り、おしりから最後の排泄物が出た。きれいに拭き取っておむつをはかせると、安心したのか静かに横たわる。

昼十二時半ごろ、クルは歯を食いしばって耐えながら、目を見開いて、代仁と俊を交互に見る。けいれんは五分くらいでおさまった。二人は顔を見合わせて覚悟した。

午後五時半、再びけいれん発作が起こる。手足をつっぱったり、蹴るような仕草をする。声は出ない。口はもう閉じたままだ。

キクは何が起こっているのかわからなくて、周りをウロウロしている。俊はキクを抱きしめて言った。

「クルお姉ちゃんは今、苦しさに耐えてがんばっているから、おまえも慰めてあげて……」

クルは小刻みに震えたあと、ゆっくり両目を開けて、最期(さいご)の力で口をパクパク動かしている。俊と代仁には、何か話しているように見えた。

「クル！」

「クル！」

やがてゆっくりと力が抜けて、クルは永(なが)い眠りについた。

「キクちゃん、クルお姉ちゃんは今、天国へ旅立っていったよ。おまえも見送ってあげて」

俊に抱かれたキクは、わかっているのか、驚いているのか、きょとんとした顔をして、目を見開いて俊を見つめた。そっと床に下ろすと、キクは、クルの顔、背中、足に鼻を近づけている。

「クル、今まで本当にありがとう……」

代仁はいたわるように、体が冷たくならないように、クルの背中や足をいつまでもさする。目頭を拭(ぬぐ)いながら、最期に何か言おうとしていたように見えたクルの言葉をたどろうとした。

――クル、最期におまえは、さよならと言ったの、ありがとうって言ってくれたの……？

クルお姉ちゃんはどこ？

俊と代仁は悲しみをまぎらわすように、動物霊園の指示にしたがって、クルの葬式（そうしき）の手続きを進めた。

けれど、動物霊園でクルと別れたあと、俊は代仁がペットロス症候群（しょうこうぐん）になるのではないかと心配だった。ペットロス症候群とは、ペットを失った人が、悲しみのあまり心や体に不調を起こしてしまうことをいう。

居間のコタツで代仁が編み物をしているとき、コタツ布団の裏から、クルのボールが一個、コロンと現れた。家の中でも公園でも、クルと一番ボール遊びをした代仁は、そのときのことを思い出して涙し、ボールをおもちゃ箱に入れた。

ボリュームを下げて気休めにつけているテレビから、昔の歌が聞こえてくる。とくに代仁が好きだった歌でもないのに、悲しい歌でもないのに、ただ〝なつかしさ〟だけが、なぜこんなにもさみしさを誘うのか、代仁にはわからなかった。

動物園で買ったかわいい狼のぬいぐるみとともに眠る代仁は、クルが亡くなってから二日後の朝、うつろな表情で俊に言った。

「クルと、せめて夢の中で会いたいのに、現れてくれない……。あなたはクルの夢を見た？」

俊は慰める術もない。

「ぼくも見ないよ。毎日思い続けているときは、現れないと思う。きっとだいぶ先になって、クルのことをなんとなく忘れているようなときに、夢を見るんじゃないかと思うよ」

浮き草のような代仁のうつろな日々……。

そんなある日、俊の言葉が代仁の脳裏によみがえる。

「クルはいなくなったんじゃない。声は聞こえないけど、天国からぼくらを見ている。クルはもう、痛みも苦しみもない。飢えも乾きもない。いつまでも泣いていたら、クルだって悲しくなるよ。ぼくたちの前にはキクがいる。クルの分までキクを見守ろう。

クルもきっとそう願っていると思う」

代仁だって俊の言うことはわかっている。わかってはいるけれど、あふれるクルの思い出が涙に変わってしまうのを止められない。

時間は戻せないのに、さびしい心はいつも、気がつけば過去に向いている。

「ごめんね、キクちゃん、お母さんは弱虫だね」

ぽっかり空いてしまった代仁の心が満たされるにはもうしばらく、ときが必要であった。

俊は動物愛護相談センターあてに、十七年間生きたクルの報告とお礼の手紙を書いた。こうして区切りを意識することも、気持ちを切りかえる契機になるのではないかと考えて、代仁に手紙を見せると、代仁も思いをしたためた。

クルが十七歳でこの世を去ったとき、キクは七歳になっていた。動物は家族の死をどのように受け止めるのだろうか。俊と代仁は毎日キクの様子を観察していたが、特別な変化はないように見えた。ときどき代仁に甘えて、ひざの上からコタツに手をかける。キクのスペース分だけテーブルをずらすと、コタツ布団のくぼみにうずくまり、暖かさに目を細めていた。

クルが亡くなってから三日目の朝のこと。代仁がキクのごはんを用意して、器に入れようとしているのを見ていたキクが、急に二階に駆け上がっていった。そして二、三分してからゆっくりと階段を下りてきて、自分の器の前にお座りしたのだ。

「今の、見た?」

俊にそう言った代仁は、思わずキクを抱き寄せた。

「キクちゃん、おまえはクルお姉ちゃんを呼びに二階へ行ってきたの? キク……」

キクの毛並みにポトポト落ちて流れる代仁の涙。

「クルお姉ちゃんは天国へ行ってしまったから、ここにはもういないのよ。でも、おまえもクルお姉ちゃんに会いたいのね」

この日からキクは、食事のとき以外にも、何度かクルを探すような行動をしたのだった。

クルとキクは、もちろんワンとかクーンやニャーとしか言わないけれど、代仁と俊はいつも四人家族でいるように話をしていた。だから、キクがまたクルを探す仕草をしたある日の夜、代仁はキクを抱いてベランダの窓を開け、キクにこう言い聞かせた。

「お空を見てごらん。クルお姉ちゃんはもう、天国に行ってお星さまになったから、ここにはいないのよ。でも、天国からキクちゃんのことを見守っていてくれるから、おまえも元気で長生きするんだよ」

キクの存在は、代仁の悲しみを少しずつ癒していった。

突然の下半身マヒ

おなかをこわすことがときどきあったクルと違って、キクは病気知らずの猫だ。

みんなでテレビを見ているとき、画面に映っていた猫が気になったのか、キクが突然テレビの上に飛び乗り、足を踏みはずして裏側に転げ落ちたことが二回ある。

三回目をやりそうになったとき、テレビ画面の猫に向かっておしりをモジモジさせているキクを、俊はすばやく抱きとめて、薄いテレビの横に座って解説した。

「キクちゃん、ほら、どこにも猫はいないんだよ。うちには猫はおまえだけだから、何も気にしなくていいからね」

それからキクのこの行動はなくなった。

そんな健康優良児と思っていたキクに突然、受難が訪れたのは十四歳の秋のこと。

クルが腎臓病と診断されたのと同じ年齢だった。

それはなんの予兆もなく、あるときキクが居間から台所へ歩いていくと、バタッとうつぶせに倒れたのだ。

「キクちゃん、どうしたの？」

俊と代仁が駆け寄ろうとすると、キクは後ろ足を伸ばしたまま、前足だけの力で床を這(は)って水飲み場まで行き、水を飲んだ。飲み終わると、また這って自分のベッドにたどり着いた。

衝撃を受けた俊と代仁は、その日、休日でも開いている動物病院を探し、下半身マヒになってしまったキクを連れて駆けこんだ。

動物病院で紹介された専門の検査機関で精密検査した結果、「脊髄(せきずい)に異常がある」と診断された。原因は「不明」である。「一週間入院」と宣告された。俊はこれまでに二回救急車で搬送されたことはあるが、入院の経験は一日もない。神経は波打ち、肩に食い込む鉛のような落胆が襲いかかる。毎日あれほど健康だったのに、二人は信じられなかった。

外を自由に歩いたことのないキクが、知らない場所に収容されて家に帰れない。

思考停止に陥った代仁もまた、涙が枯れたような感覚を思い知らされた。二人は時間をやりくりして毎日二回、面会に行くことにした。

しかし、わずかな面会時間はかえって残酷なのではないかと不安になった。しばらく抱きしめて「いい子、いい子」と頭をなでる。「また来るからね」と慰めても、しがみついているキクには通じない。一緒に帰るつもりでいる。キクのツメは俊の服に食い込んでいる。左前足のツメを離し、右前足のツメを離そうとすれば、また左前足のツメをからめてくる。おびえたようにニャーと鳴くキクを看護師に抱えてもらって両手でツメをほどきながら、「また来るよ。夕方、きっと来るからね」と何度も言う。

動物病院を出て、よろめく足取りの代仁はつぶやいた。

「どうすればいいの……」

「だからといって面会をやめるわけにはいかない。やはり毎日行こう。すぐには帰れないけど、必ず飼い主は迎えに来てくれる。それを、キクの心に強く印象づけるしかないと思う。キクが一番つらいのだから、僕らがめげるわけにはいかないんだ」

キクへの面会が十三回目を数えた十月十八日午後、やっと退院の手続きをした。

「キクちゃん、もう一緒に帰ろうね」

代仁はキクを抱きしめる両手を離さなかった。病院の外に出る。キクはきょろきょろしているが、前足のツメは深く食い込んだままだった
家でのキクは、悲しそうに鳴くわけではない。二人が心配になるほどスピーディーに動き回っている。前足の力が強い。キクは自分の今の状態をどう感じているのだろう。飼い主にもわからない。以前と同じように、キクの瞳は輝いている。毛づくろいの仕草も以前と同じだ。食欲もあり、ごはんをおいしそうに食べている。

しかし、下半身マヒのキクは腰に力が入らないので、自力でオシッコとウンチができなくなってしまった。

退院の翌日から、毎日通院する生活が始まった。病院では獣医が薬を飲ませ、オシッコとウンチの排泄を行う。オシッコをさせるための管を細い尿道(にょうどう)に差しこむとき、キクがピクッと体をよじって発する小さな鳴き声に、代仁の身が縮む。

獣医がおなかを押してウンチを出させるときには、目をむいて全身で嫌(いや)がるキクが

痛々しい。ひとつ、ふたつとウンチが出された直後、キクの動きがおだやかになるのがせめてもの救いだった。

　診察室で立ち会う代仁と俊の胃に痛みが走るような治療が一カ月続いた。


　台所から二階に上がる階段下で、後ろ足をべたっと伸ばしたまま、じっと見上げるキクの姿があわれだった。自力では階段を上ることができない。そんなとき俊は、以前のキクを思い出して後悔する。

　それは、俊が二階の書斎で仕事をしているときのことだ。ドアの向こうでキクの鳴く声がする。ドアを開けると、キクは喜び勇んで部屋に入り、くわえてきた猫じゃらしを、俊のイスの前にポトンと置く。キクの願いはわかるけれど……。

「キクちゃん、ごめんね。今、お仕事をしているんだよ」

　でも、キクはあきらめない。イスに座る俊のひざからデスクに上がると、並べた資料のまん中に陣取り、そのままふせの姿勢で動こうとしない。

　完全にじゃまされて仕事はできず、しばらく毛並みをなでていることもあったが、

時には、

「今、忙しいからだめだよ。あとで遊ぼうね」

と抱き上げて書斎の外に出し、ドアを閉めたこともあった。

キクは俊に無視されて、しばらくはドア越しに鳴いていたが、そのうちに立ち去るのだった。

その後ろ姿を思い浮かべながら、俊は、取り戻すことのできない時間の重さを悔やんだ。猫は際限なく遊び回る動物ではない。せいぜい十五分も遊べば、満足しておとなしくなるのだ。

「あのとき、せめて数分でも、休み時間をとって猫じゃらしで遊んであげればよかった……」

後ろ足を引きずるようになってから、キクは一度も猫じゃらしをくわえることはなかった。

キクの通院には、できるだけ二人で付きそっていたが、代仁の仕事の都合で俊ひとりだった十一月八日、獣医から最終宣告を受けた。
「残念ですが、キクちゃんの命は十二月までもたないのではないかと予想されます。そこでご相談なのですが、そのときは、脊髄の難病研究のために、髄液を提供していただけないでしょうか」

余命、わずか三週間……。ある程度覚悟していたとはいえ俊は、ため息を隠さなかった。

「家族で相談してからお返事します」

よく晴れたその日の夕闇が迫るころ、代仁が仕事から帰ってきた。俊は、
「ぼくとしては、セカンドオピニオン（他の医師に意見を聞くこと）を受けたい」
と言って、獣医に言われた余命予想と、髄液提供の要望があったことを代仁に報告した。聞きながら代仁は涙を流し、激怒した。
「冗談じゃないわ！　そんなの私は信じない！　キクを絶対に死なせはしない！　キクとクルの元の主治医だった、院長先生に診てもらいましょう」

代仁はすぐに、院長がつとめる動物病院の現在の住所をインターネットで検索した。

パソコンの画面が涙で乱れる。

「キクの命は必ず守る！」

書きとめるメモにすがって、代仁は固く誓うのだった。

――神様、助けて！　クルお姉ちゃん、まだキクちゃんを連れていかないで、お願い！　遠い空でひとり、おまえはさみしいかもしれないけれど、キクちゃんをまだ私たちのそばにいさせて。お願いクル、助けて、クル……！

俊は、セカンドオピニオンを受けたいと電話をして、翌日の予約を取った。

当日の午後、二人はレントゲン写真などのデータを持ち、キクを連れてタクシーで新宿の動物病院に駆けこんだ。小さなツメを俊のパーカーに食いこませてしがみつくキクをなだめて診察台にのせる。

「だいじょうぶよ」

おだやかに言い聞かせながら両手で支える若い看護師のそでに、キクはすがりついた。

院長はキクの体重と体温を測ったあと、頭、体、手足を、目視と触診（しょくしん）で、ていねいに観察する。そのあとは、投薬、排尿、排便。

俊は次の治療に驚いた。院長がキクの後ろ足からリハビリのマッサージを始めたのだ。マヒして伸びきったままの後ろ足を、一本ずつ慎重にVの字にたたみ、静かに伸ばす。左右十回ずつ。

マッサージが前足に移ると、思わずビクッとしたキクは、力を入れて抵抗する。院長はそんなキクに胸を近づけて、抱きすくめるような態勢で前足をそっとなでながらつかみ、おだやかに屈伸の動きをさせた。俊も代仁も、これまで一度も見たことのない治療光景だった。

俊は改めて〝治す〟という言葉の深い意味を考えさせられた。人間だって医者の技術だけで回復するわけではない。患者本人の生きようとする意欲と、肉体の改善が伴ってこそ、本当に治るものだろう。

毎日キクを見守ってきた飼い主として、キクに生きようとする意志があることは確信できる。けれど、今日までちょうど一カ月間、キクの後ろ足は伸びきったままの状態で、筋肉はかなり弱っているはずだ。そのぶん、前足には負担をかけ過ぎていたに違いない。

　キクの足腰に力を付けようと、ていねいにリハビリマッサージをする院長のおだやかな手さばきを見て、これこそが〝治療〟なのだと俊は思った。

奇跡の猫パンチ！

タクシーに乗って毎日、雨の日も風の日もキクは通院する。院長はいつも、診察台にのって落ち着きのないキクの顔を間近に見つめながら、

「キクちゃん、どう？」

優しく声をかけてから診察を始める。

俊はある日の午後、タクシーに乗っていて気づいたことがある。これまではタクシーの中で鳴くことが多かったキクが、だんだん静かになってきたのだ。通院のストレスが軽くなっているのだろうと思った。

それは診察のときにもわかった。だっこして診察台にのせるとき、いつも俊や代仁の服にツメを食いこませていたキクが、いつのまにかツメを出さなくなり、俊の胸をスッと離れて診察台にソフトランディングするようになったのだ。キクに、院長への信頼が芽生えたに違いない。若い看護師のお姉さんに甘える様子も見られるようになった。

しかし、やがて奇跡が訪れようとしていることなど、代仁も俊も夢想だにしていなかった。

院長のリハビリ治療を受け始めてから、わずか十三日目の午前のことだ。後ろ足を引きずりながら台所に来たキクが、すっと立ち上がり、四本の足で体を支えているではないか。そのまま三・五メートルくらい歩いて、ヨロッと腰をくずした。

「代仁！　今の、見たよね。キクが立って歩いたよ。すごい！」

「キクちゃん、エライ！」

余命三週間と言われたキクが、二週間で立ったのだ。

体重約七キログラム。二人は、小さなキクの虹のように輝く生命力に、畏敬の念さえ覚えた。キクはみずから立ち上がろうと思ったのだ。そして立った。歩いた――。

願いをこめて、わらをもつかむような息苦しい通院生活の中で、初めて胸を打つ希望の実感。頼もしいキク。岸壁を打つ波のようにわく二人の感激の声に、振り向くキクの瞳は光を放っているように見えた。俊が抱き上げたキクの足を、代仁は優しくなでている。

次の日の通院で、俊は院長にさっそく報告した。

「先生、きのう、キクは自分で立ち上がって、三・五メートルくらい歩いたんです。そのあと倒れましたが、順調に回復していると思います。ありがとうございます！」

「そうですか」

笑顔の院長は、キクに言った。

「よかったね、キクちゃん」

その後のキクは、少し歩いては倒れるのでなく、ふせるようになり、歩ける距離が伸びていく。約四カ月が過ぎるころには、居間から台所までヨタヨタ歩きで往復できるまでに回復した。

おやつのカリカリと削りシリーズ貝柱を食べたあと、キクは階段の下で、上を見ていた。

「にゃおー……」

二階に行きたいよ手伝って、と言っているように思えた代仁は、胴体を慎重に両手でサポートすると、キクは一段ずつゆっくり上っていった。ひさしぶりに自分の足で二階ベランダの部屋に立ったキクは、うれしそうに尻尾を立てて窓の外を見ている。代仁はベランダにシートを敷いてキクをのせた。かつてはクルと肩寄せ合ってお座りしたキクは今ひとり、伊勢海老通りに出る道をながめている。小学生が自転車で走り去った後、買い物かごをさげた女性が通り過ぎてゆく。キクは犬か猫が来るのを待っているのだろうか……。

キクの通院はやがて一日おきになり、そのあとは週二回と、だんだん少なくなっていった。

俊は、おっかなびっくりではあるが、家でも院長の見よう見まねのリハビリマッサージをキクにすることにした。

「キクちゃん、うちでもリハビリ、がんばってみようね」

座布団の上にキクを寝かせ、体全体を優しくなでる。右後ろ足を静かに伸ばしてから、そっと足をたたんでいく。一回できた。もう一回。三回目のときに、キクが足を硬くして抵抗した。

「ごめん、キクちゃん、痛い？」

キクは答えない。ここでやめるべきか、俊は迷う。痛いのか、痛いわけではないのか。痛そうな感じがするのか。単にリハビリがいやなのか。聞いてもキクに言葉はない。俊は、キクの気持ちがある程度はわかるつもりでいたけれど、今はわからない。

わからないことは悲しいけれど、悲しんでばかりではいけないと思った。

俊はかつて肉離れを起こして、半年近くリハビリ生活をしたことがある。リハビリを開始するとき、中年女性の理学療法士はこう言った。

「リハビリ中、痛いときは痛いと言ってください。痛いのをがまんしないでくださいね。痛いことはしませんから」

その言葉で安心できた俊は、リハビリにストレスを感じることはなかった。

院長によるリハビリ中も、同じようにキクが硬くなってしまうことがあったのを俊は思い出した。素人がほどこすリハビリにピクッと硬くなったキクではあるが、逃げようとはしない。座ぶとんの上にそのまま横たわっている。

「キクちゃん、もう少し、リハビリがんばってみよう」

おだやかにキクの右後ろ足を伸ばす。キクの表情に変化はない。合計六回できたとき、キクが起き上がろうとしたので、今日は六回ずつでいこうと俊は思った。

「今度は左の後ろ足だよ」

下半身を硬くすることは一回あったが、左後ろ足もなんとか六回できた。

次は前足だが、前足は健康なので気が楽だ。前足も六回ずつやるあいだ、キクは落ち着いていた。

一日おいて、次回からは片足十回ずつリハビリをした。

俊は前の動物病院で受けたキクの余命宣告を振り返って、自分はなんと浅はかだったかと思う。あと三週間の命、髄液を提供してほしいと前の獣医に言われたとき、その言葉を受け止めてしまった。しかし、代仁は正しかった。代仁の怒りは感情的な反発ではなく、キクは生き抜くという確信だったのだ。延命の模索（もさく）にまっしぐらの代仁の行動があったからこそ、キクに奇跡が起きた。俊は、代仁とキクに心から感謝するのだった。

第二の奇跡は、リハビリ生活が始まってから約半年後の、ある日の昼下がりの出来事だった。キクが居間のコタツからゆるりと出てきたと思ったら、台所で代仁が持ち上げた買い物袋に向かって走りだしたのである。そのスピードは、下半身マヒになる前と同じ力強さだった。

「キクが走った！」

俊はぼうぜんとキクを見つめている。代仁も片ひざを床についてキクを見る。

キクは買い物袋に猫パンチを数回してから、クンクンと鼻を押しつける。倒れない。そしてトコトコ歩いて居間に戻り、お気に入りのコタツ布団のくぼみにぴょこんと乗り上げた。

二人がキクの走る姿と猫パンチを見たのは約七カ月ぶりのことだ。以前の元気だったころのキクの様子が、俊の心にあざやかによみがえる――。

キクは俊にだっこされているときは、いつもおだやかな表情でおとなしくしていた。けれど、代仁はときどき俊に言った。キクは代仁に対しては、まったく遠慮というものがない、と。代仁がだっこすると、キバをむき出して「フーッ！」と言いながら怒りの形相を見せることがときどきあったのだ。

「この顔よ！　今のキクちゃんの顔を見て！」

俊が近づくとキクはサッとふつうの表情に戻るのだ。

ある日、代仁はキクをだっこしたまま、その〝キバ顔〟をついに携帯カメラにおさめ、俊にメールで送った。

『あなたはこんなキクの顔を知らないでしょうから、証拠写真を添付してメールします』

俊にとって、たしかにそれはめずらしい顔だった。

さらにキクは、代仁の腕や足に前足でからみ付き、後ろ足二本ではげしく猫キックを打ち続けることもあった。

代仁は七カ月前までの、親を信じてワガママにふるまうキクのキバ顔や猫パンチ、猫キックが、本当はどれほどいとおしかったことか……。

今、目の前で見たキクの買い物袋への猫パンチが、以前の光景と重なって、感動がよみがえる。床にひざをついたまま立ち上がれない代仁は、コタツ布団に乗ったキクを見つめながら、寄せる幸せの波にひたっていた。

翌日、二人は院長に奇跡を報告した。

「先生、きのうキクが五メートルくらい走ったんです。スピードも速かったです。倒れませんでした」

笑顔の院長の前で、俊はキクを診察室の床に置いた。

「キクちゃん、きのうみたいに走ってごらん。先生に見せてあげて。さあ、がんばって」

キクは借りてきた猫のようにおとなしく、一歩も動くことはなかった。

代仁と俊はその後、無理のない程度に、ときどき「キクちゃん、リハビリしようね」と言ってボール遊びをすることにした。一〇メートルほど走る様子を動画に撮って、院長と看護師に見てもらった。院長の喜ぶ表情、けれど落ち着いている様子から、院長はキクが治ることを予想していたのかもしれないと俊には思えた。

「先生、本当にありがとうございました」

しばらくは自力で二階に上がることができなかったキクも、今は、晴れた日の昼になると二階に上がり、ベランダで日なたぼっこをするようになった。

俊は、書斎で仕事をしているときにキクが訪ねてきたら、いつでも遊んでやろうと思っているが、そんなときはかえって遊びに来ない。

ところが、もっとも仕事に集中しなければならない日、机の上に並べた多くの資料から手がかりを探して新しい構成を練り上げようとしていた昼ごろ、キクの鳴き声がした。すぐにドアを開けるが、飛びこんでこない。猫じゃらしもくわえていない。キクは身を引いて、後ろ向きに俊を見ながら逃（に）げようとしている。俊は笑った。

「キクちゃん、鬼ごっこがしたいんだな？　よーし、まてまて」

キクはくり返し物陰（ものかげ）に隠れ、和室からベランダに面した部屋へ回りこんだ。

キクの隠れ場所はわかった。タンス横に置いてある代仁の冬物をまとめた衣装ケースの陰に潜んでいる。俊はじらし作戦で行くことにした。

「キク、どこにいるの」

あちこち探しながら、衣装ケースの前まで来たら別のところを一所懸命に探す。

「どこにいるんだろう、キクちゃん、おかしいな」

となりの和室に移動して少し音を立てながら探したあと、もう一度ベランダの部屋に戻る。

「キクちゃん……」

キクのドキドキはいよいよ高揚しているはずだ。そのまま探して一分くらいじらしてからキクを見つけた。

「こんなところにいたのかキクちゃん」

衣装ケースにへばりつくキクは、体も目もまんまるくして鳴いた。そっとキクを抱き上げた俊は、あやしながら階下に下りた。

居間ではボール遊びをする。台所にころがっていったボールを代仁が拾って居間に投げ返す。ボールを追いかけるキクの後ろ姿を見て、代仁は三色のしっぽを揺らしながら歩いていくクルを思い出していた。

——クルお姉ちゃんも、きっと天国からキクちゃんを見守ってくれている。クルもキクを応援していたのね。一度は余命三週間と言われたけれど、キクちゃんはこんなに元気になったよ。クル、ありがとう！

クルがこの世を去ってから、季節の変わり目に代仁が片づけものをしているとき、しまっておいたクルのおもちゃなんかにふと触れることがある。そんなときは楽しかった公園でのボール遊びやお花見散歩などのシーンがメリーゴーラウンドのように浮かんでくるのだ。

かつては、そのたびに代仁の心をつらくさせた思い出も、はばたくようなキクの元気のおかげで、いつしかクルの笑顔は代仁の『宝物』となった。玄関で散歩をせがんでお座りしていたクル、あるいは雪だんごを鼻の上に乗せたクルの姿を思い出しても、涙に暮れることは、もうない。

そんなおだやかな閏年の冬が過ぎて、幼い青葉が太陽に背伸びする季節がやってきた。

代仁は花見が大好きである。

ある昼下がり、俊は一応たしなめた。

「花見なんて、キクにとってはなんの意味もないだろう。キクは花見が嫌いだよ」

苦笑する俊を残して代仁は、自転車の前かごに、リードをつけたキクをのせてムクドリ公園に出かけた。テレビニュースでは満開と報じていたが、ここはまだ八分咲き。それでもにぎわう人々は陽気であった。川沿いの遊歩道には、こんもりした大きな白い花笠が立ち並ぶ。

「キクちゃん見てごらん、とってもきれいね、ほら、頭の上よ」

むっつりしているキクはまったく興味を示さない。きょろきょろする目線の先は、走る子どもたちや行き交う散歩犬だけである。それでも代仁は満足そうであった。シャボン玉のように浮かぶ快気祝いの花びらが、キクの頭に一枚、二枚とのってくる。


代仁が待ち続けた「再会」の幸せが訪れたのは、それからまもなくのころである。

ある日の夜明け前のこと。寝室のドアの前に現れ、そっと代仁のまくら元にふせをして、代仁が目覚めるのを待っている「クルの夢」を、代仁は初めて見た。彼岸明けの強風にさらされてなお咲き続ける桜の季節であった。

第３部

記録　クル、最後の三週間

代仁（よに）の「介護日誌」

終期の模索

愛するペットが病気になると、言葉によってペットと直接コミュニケーションをとることのできない飼い主は、日々、不安にさらされる。

獣医の見通しにしたがって順調に回復すればいいのだが、「余命」の期限を知らされてしまうと、治療を続けるにしても、治療が何もできずに自宅看護となっても、「その時」を信じたくないために、わらにもすがる思いにかられて、飼い主はいろいろな情報に振り回される。そのうちに魔物のような不可避(ふかひ)の宿命に対する焦燥感(しょうそうかん)に打ちひしがれてゆく。

私たちクルの家族は、覚悟しなければならない状況に立たされたとき、手応えのない手探りの闇の中で悩み続けた。クルの容体(ようだい)の変化におののきながら、その次はどうなるのか、できるだけ痛みを少なくするにはどこをどのようになで、どんなふうにだっこしたらいいのか、何を準備しておけばいいのか……と。

せめて、おいしいと味わって満足を感じられる食事をあたえたほうが、迫り来る旅立ちの糧となるのだろうか……そう考えると、いばらを抱くような苦しみにもがくほかなかった。家族はさまざまに迷いながら、情報を探し求めた——。

人なつっこくておだやかな性格だったクルに断りを言って、獣医への説明資料として代仁が毎日記していた約二年間の記録のうち、クルの生きた「最後の三週間」の「介護日誌」を紹介することにした（時間表記には数分の誤差を含む場合もある）。

クルは十四歳の初秋、九月二十六日に、動物病院で「腎臓病」と診断され「余命はあと三カ月」と告げられた。第二部にあるとおり、非情な宣告を信じられなかった私たちは、「もっと長く生き延びさせる」との思いで、注意深く介護生活を続けた。その結果、宣告の死期を越えて、クルは約二年間、家族の暮らしの中で命をつなげてくれたのだ。

けれど、生きとし生けるものの命には限りあるのが定め。それでもクルは、私たちに下の世話を最後までさせなかった。オシッコとウンチはいつも玄関の外に出てすることを望み、死期が近づくと、昼夜を問わず玄関に立つことが多くなった。

12月1日（火）　クル16歳

1：30　クルが玄関に立ったので、散歩に出る。寒い夜。満月が美しい。オシッコのみ。クルは元気がなく、いちょう公園までは行けなかった。ゆっくり歩きで時間がかかり、2：40に帰宅後、水をがぶ飲み。

（クルが、早朝・深夜を問わずオシッコ散歩を要求するようになってから、私は一階で就寝することが多くなった。体調によっては俊と交代）

3：00　水を飲む。

3：30　水を飲む。

4：00　庭に出て、オシッコ1回。

6：00　庭に出て、オシッコ1回。

6：20　食事（小皿に小さじ3杯分くらい）。

11：30　庭に出て、オシッコ1回。

11：50　食事（小皿に軽く1杯分をペロリと食べて、水を飲む）。

12：00　（代仁は二階で就寝中）。俊と外に出て、オシッコ1回。日中は快晴で、とてもおだやかな日。
16：00　俊と外に出て、オシッコ1回。
21：00　俊と外に出て、オシッコ1回。
21：20　手作りのシュークリーム、小さいものを1／4食べた。

12月2日（水）
1：30　クルが玄関でワンと鳴いたので、散歩に出る。今夜も満月が美しい。ウンチングスタイルで力むこと4回、やっとウンチ大が1個出た。きのうより元気で、いちょう公園まで歩いていけた。2：10に帰宅。
2：15　水と牛乳を飲む。
5：40　庭に出て、オシッコ1回。帰宅後に水を飲む。
10：20　俊と外に出て、オシッコ1回。ヨタヨタ歩き。ワンだっちゃポーズ（ふせの姿勢でうれしそうにしっぽを振る）をしたらしい。日中はベランダでひなたぼっこをさせる。

13：00　庭に出て、オシッコ1回。
14：00　水を飲む。
17：40　庭に出て、オシッコ1回。
18：50　食事（すりゴマとおかか入りの納豆＋ごはん少々）を、小皿1／3ほど食べた。
21：50　庭に出て、オシッコ1回。
22：20　水を飲む（今夜は23：00～明朝6：00まで断水）。

12月3日（木）

0：45　クルが玄関に立つので、散歩。オシッコのみ。
1：45　帰宅後、水を飲む。
2：20　食事（水も飲む）。
3：50　食事（水も飲む）。

この日は「昼から雨」という天気予報がはずれ、午前3時にはもう降り始めた。
6：50　水を飲んでから玄関へ。外に出て、オシッコ1回。
12：05　外に出て、オシッコ1回。
18：30　外に出て、オシッコ1回。
19：00　食事（手作りシュークリームを少しなめた）。
22：15　外に出て、オシッコ1回。帰宅後、食事（大皿に1／2と水）。

12月4日（金）
1：45　起きて水を飲む。ごはんの残りを食べた。
1：50　レインコートをつけて散歩に出る（雨上がり）。
ウンチングスタイルで踏ん張って、やっとウンチ大1個、小1個出た。
2：40　帰宅。おしりの毛を少しカットした。
2：45　水を飲む。
5：00　外に出て、オシッコ1回。おなかのデキモノの手入れと消毒。

8：05　俊と外に出て、オシッコのみ。
10：10　俊と外に出て、オシッコのみ。帰宅後、シュークリームの残りをなめていた。
11：30　台所にいる私の横に来て、「おなかがすいたよ」の表情で待っているので、急いで食事を作る。小皿1杯分のごはんをペロリと食べた。
11：50　外に出て、オシッコ1回。
17：00　外に出て、オシッコ1回。
21：45　外に出て、オシッコ1回。
22：00　おなかのデキモノの手入れ（消毒）。
22：30　食事（ゆで玉子の黄身2個分のうち、1個分を食べて、水を飲む）。
22：40　外に出て、オシッコ1回。
23：50　急に起きて玄関へ。外へ出すと、草をむしゃむしゃ食べた。5分で帰宅。
今日は北風が冷たかったが、よく晴れた一日だった。

12月5日（土）

0：20　食事（ごはんの残りを食べて、水を飲む）。

1：30　玄関で鳴くので、散歩。オシッコのみ。歩き方が少しヘンだった。

2：20　帰宅。

7：35　俊と外に出て、オシッコのみ。

11：00　俊と外に出て、オシッコのみ。

15：30　俊と外に出て、オシッコのみ（昼前から雨が降ってきた）。

22：00　俊と外に出て、オシッコのみ。

12月6日（日）

2：30　玄関で鳴くので、散歩。ウンチ3回（大1個、下痢2回）。
　　　小夏坂（こなつざか）を下りているとき、2回吐く。胃液と水だけ。

3：30　帰宅。

4：00　シュークリームを約1／2食べた。

5：30　肉炒め＋玉子焼きのおかかのせ、2皿ともほんの少しだけ食べた。
6：00　外に出て、オシッコ1回。
9：15　俊と外に出て、オシッコ1回。
10：50　俊と外に出て、オシッコ1回。
13：00　俊と外に出て、オシッコ1回。
13：20　食事。納豆1／2パック（キクと半分こ）と、おかかすりゴマ、ごはん、大きいスプーン1杯。
16：00　外に出て、オシッコ1回。
20：50　外に出て、オシッコ1回。
今日は雨が上がり、日中は晴天。クルは食欲があった。

12月7日（月）
0：30　クルが玄関に立ったので、散歩（オシッコのみ）。北風が強くて寒い。
クルがくしゃみをするので早く帰宅した。

4：00　外に出て、オシッコ1回。
7：10　俊と外に出て、オシッコ1回。
8：00　外に出て、歩いただけで帰宅。
近所で水道工事をしているため、家の中で揺れを感じる。
12：00　外に出て、オシッコ1回。
12：30　食事（シュークリームを半分食べた。牛乳も少し飲む）。
13：30　食事（小皿1杯分をペロリと食べた）。
13：40　外に出て、オシッコ1回。
14：00　食事（小皿1杯分をペロリと食べた）。
18：00　外に出て、オシッコ1回。
19：45　俊と外に出て、ウンチをしたとのこと。下痢ではなく良いウンチ。
23：00　俊と外に出て、オシッコ1回。くしゃみをしていて、苦しそうなので背中をなでてあげたとのこと。
いつもコタツで十分だったが、部屋が寒いとかわいそうなので暖房を入れた。

12月8日（火）

2：00　クルが玄関に立ったので、散歩に出る。ウンチ1回（大1個）。すんなりウンチが出て、うれしそうにしていた。
6：35　外に出て、オシッコ1回。
10：45　俊と外に出て、オシッコ1回。
15：00　外に出て、オシッコ1回。
19：00　外に出て、オシッコ1回。
食事は、プリンを少しなめた。何か食べたそうに私を見つめるので、牛肉炒めを作り、小皿1杯分をあたえる。ペロリと食べた。満足したのか、翌日の深夜0：40までぐっすりと眠った。

12月9日（水）

0：40　クルが玄関に立ったので、散歩に出る。何度もウンチングスタイル。がんばってウンチ中2個（とても良いウンチ）。
1：30　帰宅。おしりの毛に汚れが付いたのでシャワーで洗う。
3：00　食事（牛肉炒めを小皿1杯分、ペロリと食べた）。
7：00　外に出て、オシッコ1回。
11：00　俊と外に出て、オシッコ1回。
12：15　食事（ヨーグルトを大さじ1／3と、シュークリームを半分食べた）。
14：45　外に出て、オシッコ1回。
17：47　俊と外に出て、オシッコ1回。
18：45　食事（牛乳を少し飲む。牛肉炒めを小皿1杯分食べた）。
23：00　外に出て、オシッコ1回。雨が降っていた。

12月10日（木）

前日夜は雨だったが、朝には晴天となった。

1：15　クルが玄関に立ったので、散歩。オシッコのみ。

2：00　帰宅。

5：00　外に出て、オシッコ1回。

11：00　外に出て、オシッコ1回。

13：20　外に出て、オシッコ1回。

13：35　突然、起き上がり、胃液をゲーッと吐いた。用意してあった新聞紙で受け止めた。クルが、いつどこで嘔吐（おうと）しても受け止められるように、各部屋の要所に新聞紙を用意してある。

19：30　食事（ヨーグルトをスプーン2杯ほど食べた）。外に出て、オシッコ1回。

23：20　あわてたように玄関に立ったので、急いで外に出る。家の横で4回下痢便をして帰宅。おしりの毛が汚れたので、入浴中の俊にシャワーで洗ってもらった。

12月11日（金）

1：20　クルが玄関に立ったので、散歩。オシッコのみ。元気はよくない。
2：30　水と牛乳を飲む。食事は大皿の2／3ほど食べた。
6：00　水と牛乳を飲む。そのあと外に出て、オシッコ1回。雨が降っていた。
　この日は午前4時ごろから雨で、寒い一日となった。
10：50　雨の中、外に出て、オシッコ1回。
11：00　水を飲み、ごはんの残りを食べる（半分くらい残す）。
15：20　雨の中、外に出て、オシッコ1回。
20：30　食事（ゆで玉子の黄身2個を食べた。水も飲む）。
　クルのブラッシングと歯みがきをする。ベッドの掃除。タオルをかえる。
　キクのベッドも掃除する。
　ふたりが並んで心地よさそうにスヤスヤ寝ている姿を見ると、本当に幸せ。
　そっと近づいてみると、かすかに聞こえてくる寝息がかわいい。

12月12日（土）

0：45　クルが玄関に立つ。外は雨。家の西側の草むらで、オシッコ1回。

2：00　食事（牛乳少々飲んだ。豚肉炒めはまったく食べなかった）。

5：00　外に出て、オシッコ1回。雨はまだ降っていた。

11：00　俊と外に出て、オシッコ1回。雨はやんだ。

14：00　外に出て、オシッコ1回。

18：00　外に出て、オシッコ1回。食事（小皿1／3程度食べた）。

18：30　俊と散歩。ウンチ大1個出た。

19：35　俊と散歩。下痢便。帰宅（19：55）して、シャワーでおしりを洗い、ドライヤーで乾かす。

20：30　外へ出たが、オシッコも何もせずボーッとしていた。おなかが落ち着かない（少し痛い）のかな？　と思った。
ひさしぶりに近所の猫がニャーと現れ、あいさつして帰っていった。帰宅後、水を飲む。

21：10　外に出る。近所をうろうろ。下痢便。処理できない分はペットボトルの水で流し、消毒。

22：00　外に出る。また下痢便。

22：15　錠剤（じょうざい）の整腸剤をくだき、お湯でといてスポイトであたえた。しばらくすると、おなかが落ち着いたのか、静かに寝ていた。

前日からの雨が朝までやまなかったので、この日の夜中の散歩はナシ。日中は晴天で暖かな一日だった。でも、不快な一日だった。俊の操作ミスでブルーレイレコーダーが故障したし、私は風邪ぎみで体調が悪く、日ごろの睡眠不足や疲れがドーンと押し寄せた。何も考えず、ぐっすり眠りたい。

12月13日（日）

1：20　玄関に立ったクルに、服を着せて散歩に出る。寒い北風が吹いているので、服を着せて正解だった。寒そうなクルも、くしゃみなどせずに歩いた。オシッコのみ。帰宅後、水を飲んでいた。

4：15　外に出る、オシッコ1回。

4：30　クルのベッドをきれいに手入れした。

10：00　外に出る、オシッコ1回。

13：40　玄関で胃液を吐いた（1回）。それから外に出て、オシッコ1回。

14：00　外に出てすぐ、西側の草むらで下痢便。ブウブウ低い音のおならとともに出た。かわいそうだった。汚れたおしりをシャワーで洗い、ドライヤーをかけた。

14：30　水をがぶ飲みしていた。整腸剤をお湯でといて飲ませた。

14：45　クルがまた玄関に立つので、散歩に行く。ただ歩くのみ。何も出なかった。

17：00　外に出てすぐ、西側の草むらで下痢便。

20：00　外に出る。オシッコ1回&下痢便。ダラダラと液状の便が流れ出る。おなかがブーブー鳴って痛そう。

20：10　整腸剤をあたえる。シュークリームのクリームを小さじ1杯なめさせた。

22：10　オシッコに出るが、歩くのみ。クリーム小さじ1杯なめさせた。

23：45　オシッコ散歩。雨が降っていた。オシッコ1回。
　帰宅後、シュークリームのクリームをスプーン1杯分なめた。

12月14日（月）　クル17歳

クル、17歳の誕生日おめでとう。今日から介護用ベスト着用。この日の早朝散歩で、やっと下痢が止まり、少し硬めのウンチが出た。甘いクリームをなめて少し元気に！

0：45　散歩。雨上がり。オシッコのみ。超ゆっくり歩きで時間がかかる。はねも上がっていた。
　帰宅後、ぬらしたタオルで手足をきれいに拭（ふ）く。ぬれて寒そうなので、ドライヤーをかけて全身を暖めてから寝かせた。

2：00　シュークリームのクリームをスプーン1杯分なめた。水を飲んだ。

5：30　外に出て、オシッコ1回。雨上がりで寒い（このあとまた雨が降った様子）。
　帰宅後、シュークリームのクリームをスプーン1杯分なめた。

8：00　突然、震えだす。寒いのかな？　と思っていたら、玄関へ急いだので、外へ出ると、家の北側の草むらで下痢便。何度もウンチングスタイルで渋っていた。

帰宅後、整腸剤を飲ませる。5分もするとまた外へ行きたがる。これを何度もくり返しているうちに、9：00に水道工事屋が来た。「この道を通るな」と、おばちゃん警備員に叱られカチンときた。

実家の母に電話して、「留守電にしておくから」と伝えた。

クルは少し出血し、切れ痔になっていた。俊にメールする。

やっと下痢が止まったと思ったら、止まっていなかった。

しかし、9：30に帰宅後、クルは眠りについた。

13：45　よく眠っていたクルが起きて、ベッドの上でくるくる回っていたが、そのうちに隣のキクのベッドで丸くなって寝た。

17：15　外に出て、家の北側の草むらでオシッコ1回。

19：15　外に出て、家の北側の草むらで下痢。

19：35　自転車の前カゴにクルを乗せて、いちょう公園へ。下痢便。

20：15　帰宅後、整腸剤を飲ませた。
21：00　水を飲む。
21：45　外に出て、小夏坂でオシッコ1回。だっこして帰宅。
今日はひどい一日だった。下痢が止まらず、苦しむクル。警備員に叱られる。母の具合も悪くなり、明日の午前、私と二人で病院へ行くことにした。

12月15日（火）
2：00　散歩。少し下痢便。オシッコ3回。
帰宅後、水を飲む。整腸剤を飲ませた。
2：50　散歩。ずっと歩き回っていた。オシッコ1回のみ。さっきの散歩では歩き足りなかったのかも……3：40帰宅。
6：35　整腸剤を飲ませたあと、クル眠る。
代仁、6：50発のバス↓電車↓渋谷の実家に。母と二人で病院へ。
12：20　代仁、帰宅。

15：30　クル、散歩（下痢便&嘔吐2回）。桜通広場へ行き、なつかしいところを回って帰宅した。
介護用ベストを着たクルは、少し猫背になりながらも一所懸命歩いた。売店の女性店主に会えた。彼女が飼っていたヨークシャーテリア犬は14歳と半年、生きたという。
「まあクル、ひさしぶりね。病気なのに会いに来てくれたのね。ありがとう」と涙ぐむ彼女は、「クル、がんばれ」と言ってくれた。クルもすごくうれしそう。
「クルはなんとかがんばっています。また、ごあいさつできるように、これからもがんばります」と言って別れた。
17：00　帰宅後、クルは水を飲んでいた。
17：05　また散歩に行きたいというクル。家の北側の草むらを歩く（約10分）。
18：25　手作りプリンをあたえてみた。ほんの少し（スプーン1／5）食べた。一所懸命なめるが、スプーンをなめて食べた気になっている様子。

18：30　クル、眠る。

21：30　クル、散歩（下痢便）。桜通広場まで行き、もう閉まっている売店の前を通り、老木桜通りから帰宅（22：30）。途中、まだ帰りたくないといって前足を踏ん張っていた。

23：00　クルの手入れ（歯みがき、ブラッシング。たくさん毛が抜けた）。細い手足が、さらに細く見える。

12月16日（水）

3：15　外に出て、オシッコ1回。

6：00　外に出て、オシッコ1回。

11：00　外に出て、オシッコ1回。

12：30　俊の昼食用の「牛肉じゃが」のじゃがいもを、ほんの少しだけ（1㎝×2㎝くらい）食べた。目が輝いて、おいしそうな様子だった。

13：05　水飲み場に行き、水を少し飲んだ。

13：10　俊と三人で散歩に出る。写真を撮（と）る。

15：30　「外歩きリハビリ」をする。クルを抱いて帰る。自転車に乗った近所のおばさんから、「犬はケガをしているのですか？」と聞かれる。「もう年なので、あまり歩けないのです」と言うと、「まあ、大変ね」と心配された。

20：30　散歩、オシッコ1回。

帰宅後、クルの手入れ。おなかのデキモノの傷口を消毒。毛についた体液の固まりをとった。

22：00　クルのそばに座ってコーヒーを飲んでいると、クルは寝ながら目を閉じたまま鼻をクンクンさせてにおいを嗅（か）いでいた。

22：55　歩き回っていた猫のキクが、勝手にラジオのスイッチを入れたので、突然、音が流れだし、ＴＢＳのラジオ番組が始まってびっくり。笑える夜がうれしい。

23：45　少し元気そうなクルが散歩を望む。

12月17日（木）

夜空は晴れ。風はないが、けっこうひんやりして寒い日である。けれど今夜は、思い残すことがないように、クルの気がすむまで気ままに散歩に付き合おうと心に決めて、クルに従うことにした。

家の裏道から小夏坂を上がり、大通りに出る。いつものコースからそれていく。前から気にはなっていたけれど歩いていなかった道をぐるぐる回り、カラス公園に行った。たっぷり2時間。

この日、3回下痢をした。1回ごとにウンチングスタイルで渋り、つらそう。タラタラとしか出ないし、まったく出ないこともあった。嘔吐1回（胃液）。

1：15　長い散歩から帰宅。帰りが遅いので、俊はさすがに心配になって探し回ったらしい。手足、おしりを拭いてあげると、クルは水も飲まず、すぐ寝た。

3：00　クル、水を飲んでいた。

3：30　さっき飲んだ水と胃液を嘔吐した。タオルで受け止めた。

6：00　散歩、オシッコ1回。

6：10　水を飲んでいた。

10：00　近くで始まった道路の舗装工事による騒音と揺れがひどい。クルは寝る位置を変えた。

11：00　起きたクルが、台所でニンジンを切っていた私の後ろにやってきた。水飲み場でたたずむが、水は飲まない。
クルは玄関へ行く。外へ行きたい様子だ。オシッコ散歩に出る（1回）。
近所のおばあちゃんにとても優しくされた。
帰宅後、すぐ寝る。

12：00　起きて水飲み場へ。少し水を飲む。

13：15　1時間ほど静かだったが、午後になって道路の舗装工事が再開。揺れのため、クルも落ち着かない。散歩に出る。少し歩いた。オシッコ1回。外の空気を吸って気分転換。

13：45　クルをだっこして帰宅。
キクが心配して慰めているのか、クルの耳をなめていたので写真撮影。

そのあと、クルは少しだけ水を飲むが、何も食べない。食べたがらない。飲む水の量も少なく、オシッコの量も減っているようだ。

18：00　散歩、オシッコ1回。ちょうど帰宅した俊と、門扉（もんぴ）の前でばったり会う。

20：00　水、3回、ペロペロとなめただけで、飲むのをやめてしまった。

20：10　外に出て、オシッコ1回。

20：30　突然、起き上がり、嘔吐（胃液1回）。こういうときのために3カ所に用意してある新聞紙で受け止めた。

21：00　クルが眠る場所を変えた（私の横）。よく眠っている。
クルはもう、水も食事も、牛乳さえも受け付けないのだろうか……。以前のクルは黒っぽい毛並みの犬だったのに、今は顔が白っぽいし、今日なんか左下の前歯がグラグラになっている。今にもポロッと取れそう。心配になって触ろうとすると、いやがるから、触らないけれど……。

23：30　散歩（約1時間）、オシッコ1回。
同じところをグルグル回ったり、立ち止まったり、クルは道がわからない様子。しかし、それなりに近所をぐるりと一周する。私は途中でおなかが痛くなり、携帯で俊を呼び出した。けれど俊は、道の反対側を歩いて私たちを見つけられず。私とクルはふたりで帰宅した。

12月18日（金）

北風が強い夜。晴れ。この日は、昼間は風がおだやかだったが、寒い一日だった。

3：30　眠っているクルが、口をモグモグ、パクパクさせている。夢の中で食事をしているのかな……。

4：00　外に出て、オシッコ1回。

4：20　クルが急いで玄関へ行くので、外へ連れ出した。便が三つ出た。下痢便ではなく、軟便だが一応、形のある便だ。処理袋に入れたとき、この便はかすかに牛肉のにおいがした。12月16日に食べた牛肉じゃがの牛肉かも？
同時に嘔吐（1回。胃液）。

4：45　帰宅後、クルは水飲み場に立ったが、飲まない。手であたえても飲まない。

指を湿らせて口元に持っていっても、なめない。牛乳をあたえてみたが飲まない。

6：30　水飲み場で水を飲んでいた。

6：40　外に出て、オシッコ1回。

9：30　外に出て、オシッコ1回。

12：25　外に出て、オシッコ1回。

16：00　散歩、オシッコ1回。帰宅後、水を飲む。器の上から約1㎝水が減った。

16：30　再び水飲み場へ行き、少し飲む。眠る。

20：00　外に出て、オシッコ1回。

21：00　牛肉をゆでて口元に近づけてみた。においを感じているだけの様子で、肉片をなめたり、口に入れたりしようとはしなかった。水を少し飲む。食べ終わったつもりかしら？

23：00　クル、起きて水をほんの少し飲んだ。そのあと外に出てオシッコ1回。

12月19日（土）

晴れ。とても寒い。

1：15　俊と散歩、オシッコ1回。

ゆっくり歩き、立ち止まり、くるくる回る。小夏坂まで行く。帰りはだっこで帰宅。少し水を飲んだ。

4：00　クルが起きたので、サポートして水を少し飲む。オシッコで外に出る（1回）。

5：00　俊と外へ出るが、何もせず帰る。水を少し飲む。

6：15　水を飲む。

7：15　私は実家の仕事で渋谷へ行き、午後、帰宅。母もクルとキクに会いに来た。

9：00　〈俊のメモ：水を飲む〉

9：05　〈俊のメモ：散歩、オシッコ1回〉

12：10　〈俊のメモ：散歩、オシッコ1回〉

15：55　〈俊のメモ：散歩、オシッコ1回〉

16：48　散歩。オシッコはしなかった。
18：00　シュークリームのクリームを少しなめた。
18：15　俊と外に出る。オシッコ1回。
18：20　クル、横になりながら嘔吐（胃液）。オレンジ色に近い黄色だった。
19：00　クルは耳や鼻、前足をさかんに動かしている。夢を見ているみたい。どんな夢だろうか……。
20：30　水飲み場へ行くが、口をつけなかった。俊と散歩、オシッコ1回。
22：20　外に出て、オシッコ1回。
眠っているクルを見て、俊は言う。「誕生日を過ぎたクルは、正月を迎え、1月いっぱいは生きるだろう……」と。
クルの口の横から、汚れた（血が混じった）よだれが出てきた。敷いてあるタオルが汚れる。においもきつい。その唾液は何か良くないもののようで、不安を感じる。
私の予感は、クリスマス、いやもっと近い日にクルとの別れが……。

23：50　外へ出るが、歩き、立ち止まり、何もせず。帰宅後、水も飲まなかった。クルという、私の大切な世界が終わろうとしている……。

12月20日（日）

1：35　クルが目を覚まし、ジッとしていたが、立ち上がる。サポートすると、水飲み場までひとりで歩けた。器の水面に近づいたが、数回、口をモグモグしただけで、水を飲んでいるようには見えなかった。それでも気がすんだのか、自分のベッドに戻って寝た。

3：20　外に出て、オシッコ1回。オシッコはいきおいよく出ていた。量も多い。そのあとは、同じところをグルグル回っているだけなので、だっこして帰宅。

3：30　クル、自分のベッドを抜け出して移動。西側の窓と本棚のあいだに身を縮めて丸くなっていた。具合が悪いのかもしれない。

3：45　突然、起き上がり、ゲーッと胃液を吐いた。新聞紙で受け止める。続けてもう一度吐いたので、別の新聞紙で受け止めた。

何かに寄りかかるようにして、頭を少し高くして眠りたい様子。その姿勢がとれるように、まくらとタオルで工夫して寝かせた。横たわるクル。

手足はガリガリに痩(や)せて細くなっている。腰のあたりもかなり痩せている。体重は4kgくらいしかない。ときおり体をピクッとさせたり、目を見開いたりする。口の内側が気持ち悪いのか、クチャクチャさせている。

胃液を吐くときは、突然ガバッと起き上がる。

オシッコのときは、必死に外に出ようと玄関に向かっていく。

8:35　玄関に立つクルを、俊が連れ出すが、オシッコはせず。少し草むらを歩くだけだった。

9:20　起き上がり、水飲み場へ行ったが飲まない。
西側の窓と本棚のあいだのベッドに身を縮めて横たわる。

11:00　起き上がり、外へ。気持ちの良い晴天。オシッコ1回、少しだけ。
歩く姿勢がしっかりしている。元気がいい感じ。小夏坂を上がる。しかし途中でガクガクと揺れ始めたので、すぐだっこして戻り、家の西側の草むらに下ろす。口の中に嘔吐物があるか確かめたが、なかった。だっこして帰宅。

昼ごろ、宅配便が来た。俊の実家からたくさんの野菜が届いた。お姉さん、ありがとう。

13：30　起きたクルが台所にいる私の前にやってきて、見上げてから戻っていった。私を呼びに来たのかな？　クルの頭の向きを変えて、東向きに寝かせてみた。

15：00　目覚めているクルを抱いてコタツに入れてみた。

15：30　クル、コタツを出て台所の水飲み場まで歩き、水は飲まずに自分のベッドに戻る。

17：30　俊が帰宅。

19：20　クル、起き上がって水飲み場まで歩き、水は飲まずに玄関に立つ。外に出る。よろよろと一所懸命に歩いて、草むらにオシッコ1回。だっこして帰る。

さっきと逆向きにして寝かせる。顔の下にタオルを2枚敷いている。しばらくたってから様子を見ると、タオルに汚れた血がついていた。以前、私の実家で飼っていたミクの晩年は、おむつに血便をしたが、クルは吐血になってしまった。

22：45　外へ出てみたが、ただ動くのみ。もう支えなしでは歩けない。足が弱ってからのクルは、おなか全体を支えられる胴輪をつけている。

12月21日（月）

1：10　クルがけいれん発作を起こした。突然、天井を見上げて、大口を開けて苦しそう。

2階の寝室に行っていた俊を呼ぶ。俊がだっこする。しばらく苦しんでいたが、そのうちにスーッとひいて、安心したように眠った。

ベッドに移して休ませる（1：22）。

2：00

またひきつけの発作を起こした。長いあいだ、けいれんが続く。苦しそう。だっこして、さすってあげた。

2：55

急に小さな声で「クン、クーン、クーン」と鳴き始める。次第に声が大きくなり、「ワンワン」と鳴き叫ぶので、携帯電話を鳴らして2階の俊を呼んだ。

俊が「オシッコがしたいのかもしれない」と言って庭に連れ出したが、「オシッコじゃなかった」と、すぐ戻ってきた。

クルはまだワンワンと激しく鳴くが、10分くらい鳴いて、静かになった。目を見開いて鳴き、静かになったあとも目は見開いたままだった。

口元のタオルは、よだれでかなり汚れる。そのたびに新しいのと取りかえる。

クルのワンワンという鳴き声をひさしぶりに聞いた。ワンとはっきり鳴くのは、最近なかったことだ。

3：55

再び小さな声で鳴き始め、苦しそうにもがきながらワンワン鳴く。

手足をつっぱり、頭をそらす。頭を物にぶつけないように手で支えてあげる。15分ほどでおさまり、静かに寝た。

5：00　発作。小さな声で鳴き始め、ワンワンと数回鳴く。手足をばたつかせ、つっぱったりしているが、頭をそらす力まではない様子。10分ほどで静かになり、眠った。そっとタオルをかえた。

5：50　前記の5：00の発作と同じ状態。約1時間おきに発作の波が来るようだ。

8：00　激しい小刻みのけいれん。思わずベストを脱がせて抱きしめる。背中をさすって名を呼ぶ。苦しそうに大きく口を開け、手足をばたつかせる。5分くらいで痛みと苦しみが引いたのか、静かになったので、ベッドに寝かせる。

9：45　激しい発作。手足をばたつかせ、そり返って苦しそう。黒いタール便（最期の排泄物）が出てしまった。ミクのときと同じだ。汚れたしっぽの毛を切って、おしりもきれいにした。紙おむつをはかせると、安心したのか、発作はスーッと引いて静かになった。

ベッドを整え、新しいタオルを敷いて寝かせた（10：30）。

12：00 食事の用意をし始めたとたん、クルのけいれん発作が始まる。「ワンワン」と大きな声で3回ずつほえて苦しんでいる。だっこすると、私の上着の左そでをかみながらほえていた。ひとしきりほえて、少しずつ声が小さくなり、静かになったので、ベッドに寝かせる。

12：15 激しいけいれんを起こす。歯を食いしばって耐えている様子。両目をしっかり開けて、俊と私を交互に見ていた。けいれんは5分ほどで静かになったので、再びベッドに寝かせた（12：25）。私はずっと隣で、クルの肩に手をのせて、一緒に横になっていた。

13：30 小さく鳴き始めて苦しがる。だっこすると、ワンワン大きな声で鳴く。激しい全身のけいれんが起こる。身をよじっている。15分ほどでおさまり、ベッドのタオルをかえて、寝かせた。

15：40 けいれん発作が起こる。歯をむき出してガチガチ鳴らす。食いしばって耐えている。苦しそうで、そばにいるのもつらい。痩せているが、全身のけいれんが強いため、だっこしているのもやっと。

15：55　やっとおさまって、ベッドへ。

16：30　実家の母から電話。話しているときに、クルのけいれん発作が起こった。俊がなでている。電話を切って、私もなでてあげる。5分くらいでおさまったので、再び母と電話で話す。

17：30　またけいれんが起きた。手足を伸ばし、苦しげに頭をそらしている。口はもう開かなかった。声も出ない。次第に手足をゆっくりと伸ばす。あるいは静かに蹴る仕草。急にダダダダと、信じられない速さで小刻みの震え。ゆっくりと両目を開き、何か言おうと懸命に口を開けてパクパクして、何か話しているよう。きっと、「さよなら」を言ったのだろう……「ありがとう」かな……。やがて、ゆっくりと力が抜けていった。

17：50　クル、永眠。17歳と1週間だった。

18：00　俊が近所の店にダンボール箱をもらいに行った。でも大き過ぎた。私の服を取り寄せたときの箱を使うことにした。

18：10　俊が花を買いに行った。桜坂の花屋さん。白いトルコキキョウ、ストック、カスミソウの花束をふたつ（五千円）。

18：30　クルのおしりを洗ってきれいにして、毛をブラッシング。顔も拭いてあげた。

19：00　実家の母に電話。白い花々の中で眠るクルを、キクはじっと見つめていた。

著者プロフィール

松永 憲生（まつなが けんせい）
ノンフィクション作家。
1947 年、静岡県に生まれる。駒澤大学法学部卒業。
主に司法、犯罪分野を中心に取材執筆。
【主な既刊書】
『裁判官の内幕』三一書房
『空白の航跡 「裁かれる空」の記録』講談社（テレビ朝日のドラマ『午後の旅立ち』の原案）
『還らざる出撃』世界文化社
『怯える殺し屋』宝島社
『冤罪・自民党本部放火炎上事件』三一書房
『怪物弁護士・遠藤誠のたたかい』社会批評社
《共著》
『逆転無罪―宿直行員殺し』徳間書店（テレビ朝日でドラマ放映）
『裁判ゲーム―裁判沙汰になるとこんな目にあう！』『“殺人”の真実』『実録 刑務所暮らし―あなたが逮捕された日のために』『裁判官を信じるな！』（以上、宝島社文庫）

猫と犬が見る夢は

2020年 7 月15日 初版第 1 刷発行

著 者 松永 憲生
発行者 瓜谷 綱延
発行所 株式会社文芸社
〒160-0022 東京都新宿区新宿 1－10－1
電話 03-5369-3060（代表）
03-5369-2299（販売）

印刷所 株式会社フクイン

ISBN978-4-286-21734-5